# LE LABORATOIRE

# D'ÉLECTRICITÉ.

---

## NOTES ET FORMULES.

5716 B. — PARIS, IMPRIMERIE GAUTHIER-VILLARS ET FILS,

55, Quai des Grands-Augustins.

# LE LABORATOIRE

# D'ÉLECTRICITÉ

## NOTES ET FORMULES,

PAR

### Le D$^r$ J.-A. FLEMING,

De l'« *University College* » de Londres.

Traduit de l'anglais sur la 2$^e$ édition et augmenté d'un Appendice

PAR

### J.-L. ROUTIN,

Ancien Élève de l'École Polytechnique.

PARIS,

**GAUTHIER-VILLARS ET FILS, IMPRIMEURS-LIBRAIRES**

DU BUREAU DES LONGITUDES, DE L'ÉCOLE POLYTECHNIQUE,

Quai des Grands-Augustins, 55.

## 1898

# PRÉFACE DU TRADUCTEUR.

Désireux de combler une lacune de nos recueils techniques, qui sont trop souvent muets quant au côté pratique des applications de l'Électricité, je préparais une étude sur les *Manipulations électriques*, lorsque j'eus connaissance de l'excellent Ouvrage publié par le D<sup>r</sup> J.-A. Fleming sur le même sujet.

La grande autorité qui s'attache au nom du célèbre Professeur et le soin particulier qu'il a apporté à cette publication me décidèrent à en entreprendre la traduction.

Cet Ouvrage s'adresse spécialement aux ingénieurs qui désirent se familiariser avec la pratique des principaux essais que comporte la Science électrique dont il suppose d'ailleurs connue toute la partie théorique; il peut rendre également certains services aux ingénieurs que leurs occupations éloignent des laboratoires, pour leur remettre en mémoire, au moment voulu, la marche à suivre et les formules à employer pour un essai déterminé.

En tête de chaque Chapitre on trouve l'énumération sommaire des principaux *appareils nécessaires*. On trouve également, soit dans le corps, soit à la fin, un schéma des Tableaux qu'il convient de dresser pour classer d'une façon rationnelle les résultats des observations.

J'ai donné, en Appendice, deux méthodes originales nouvelles, ainsi que des graphiques de correction qui rendront, je l'espère, quelques services aux praticiens.

J.-L. ROUTIN,
Ancien Élève de l'École Polytechnique.

Zürich, Octobre 1897.

# LE LABORATOIRE
# D'ÉLECTRICITÉ.

## NOTES ET FORMULES.

### EXPLORATION D'UN CHAMP MAGNÉTIQUE.

*Appareils nécessaires :*
*1° Une bobine circulaire de fil isolé ;*
*2° Une boussole magnétique munie d'une échelle de lecture ; l'aiguille aimantée doit être courte et pourvue d'un index.*

*La boussole doit pouvoir être déplacée le long d'une tige fixée parallèlement à l'axe de la bobine, de telle façon que son aiguille se trouve constamment sur l'axe lui-même.*

*L'aiguille aimantée ne doit pas avoir en longueur plus du $\frac{1}{10}$ du diamètre de la bobine.*

En tout point voisin d'un aimant ou d'un conducteur parcouru par un courant existe une *force magnétique :* la région dans laquelle cette force se manifeste s'appelle un *champ magnétique.*

F.										1

En chaque point d'un champ magnétique la *force magnétique* a une *direction* et une *grandeur* déterminées.

Supposons d'abord qu'une très longue tige aimantée soit placée de telle sorte qu'un de ses pôles se trouve dans un champ magnétique et que l'autre pôle soit très éloigné ; la force magnétique tendra à déplacer le premier pôle dans une certaine direction et l'effort exercé sera proportionnel au produit de la masse magnétique du pôle par l'intensité du champ au point considéré.

Supposons en second lieu qu'une très petite aiguille magnétique, pivotant sur son centre, soit portée en un point du champ : à chaque extrémité agiront deux forces égales et opposées. Si $l$ désigne la distance entre ses pôles, $m$ la masse de chacun d'eux, $\mathcal{H}$ l'intensité du champ, le couple ou torque, lorsque la direction de l'aiguille est perpendiculaire à celle du champ, est égal à $ml\,\mathcal{H}$.

Le produit $ml$ est appelé le *moment magnétique ;* nous le représenterons par la lettre $\mathfrak{M}$. Dès lors le couple, dans les conditions où nous nous sommes placés, est numériquement égal à $\mathfrak{M}\,\mathcal{H}$.

Nous pouvons donc définir un champ magnétique d'intensité égale à l'unité comme un champ dans lequel un petit aimant de moment égal à 1 subit un couple égal à 1 quand on le maintient à angle droit avec la direction du champ.

Une petite aiguille aimantée, libre de se mouvoir en un point d'un champ, se place d'elle-même dans la direction du champ en ce point. Si on la déplace à angle droit sur cette direction, le couple nécessaire pour la maintenir dans cette nouvelle position mesure l'intensité du champ au point correspondant.

Si dans une même région existent deux champs à angle droit l'un sur l'autre, une petite aiguille portée dans le champ commun indiquera la direction du champ résultant au point correspondant.

Les champs magnétiques peuvent être combinés, d'après les règles qui sont employées pour la composition des forces. Soient $\mathcal{H}$ l'intensité d'un premier champ (figuré par un vecteur) et $\mathfrak{F}$ l'intensité d'un autre champ perpendiculaire au premier : la petite aiguille placée dans le champ résultant prendra une direction telle que son angle $\theta$ avec la direction du champ $\mathcal{H}$

soit déterminé par la formule

$$\frac{\mathcal{F}}{\mathcal{H}} = \tang\theta \qquad \text{ou} \qquad \mathcal{F} = \mathcal{H}\,\tang\theta.$$

Si donc $\mathcal{H}$ est constant et $\mathcal{F}$ variable en grandeur, nous pourrons trouver les valeurs relatives de $\mathcal{F}$ en différents points en observant les tangentes des angles de déviation d'un petit aimant explorateur placé successivement en chacun de ces points.

Considérons, par exemple, une bobine circulaire traversée par un courant et orientée de telle façon que son axe soit perpendiculaire au méridien magnétique; plaçons la boussole en différents points de l'axe de la bobine, et observons les angles de déviation. Soit $\theta$ la valeur de l'angle correspondant à une distance D entre la boussole et le centre de la bobine. Calculons les tangentes correspondantes et inscrivons les résultats dans le Tableau I. Nous pourrons ainsi tracer une

TABLEAU I. — CHAMP AXIAL D'UN COURANT CIRCULAIRE.

| OBSERVATION N° | $\theta$ = déviation de l'aiguille de la boussole. | tang $\theta$. | D = distance du centre de l'aiguille au centre de la bobine. | $\mathcal{H}$ = champ constant dû au magnétisme terrestre ou à des aimants auxiliaires. | $\mathcal{F} = \mathcal{H}\,\tang\theta.$ Force magnétique à une distance D du centre de la bobine. |
|---|---|---|---|---|---|
| | | | | | |

courbe indiquant la valeur relative de la force magnétique, due au champ de la bobine, en différents points de son axe. Si le champ de la bobine était très puissant relativement au champ terrestre, nous pourrions, pour renforcer le champ constant, employer un petit aimant auxiliaire.

Comme second exemple, nous étudierons le champ équatorial d'un petit aimant.

En chaque point P pris sur une ligne menée par le centre d'un *petit* aimant et perpendiculairement à son axe, la force magnétique est parallèle à l'axe de l'aimant et inversement proportionnelle au cube de la distance à l'un des pôles.

Nous pouvons déduire ce fait de la considération d'un simple diagramme.

Soient N et S les pôles de l'aimant (*fig.* 1), P un point pris sur la ligne OP menée par le centre O de NS perpendiculaire-

Fig. 1.

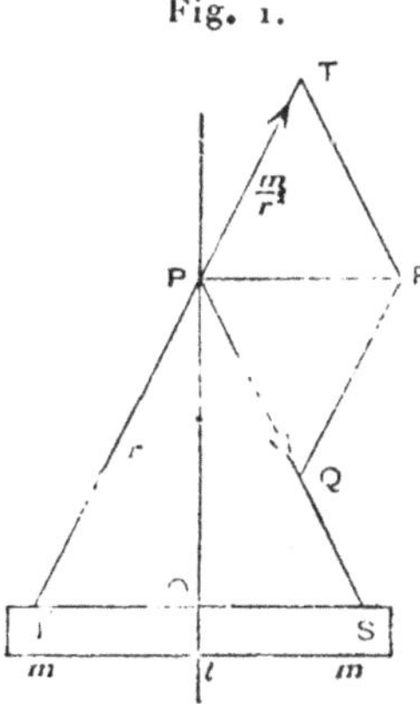


ment à NS; la force en P due à chaque pôle de masse $m$ est $\dfrac{m}{r^2}$. D'autre part, NS étant par hypothèse petit, on peut admettre que OP = SP = $r$. Les triangles semblables PTR et NPS donnent, pour la valeur de la résultante PR, $\dfrac{ml}{r^0}$ ou $\dfrac{\mathfrak{M}}{r^3}$; PR est donc inversement proportionnel au cube de la distance du point P au centre de l'aimant.

Nous pouvons aussi l'établir expérimentalement en plaçant un *petit* aimant perpendiculairement au méridien magnétique et en portant une boussole en différents points du plan mené perpendiculairement à l'aimant, en son milieu. On observera les angles des déviations et l'on portera les résultats dans la colonne correspondante du Tableau II.

TABLEAU II. — CHAMP ÉQUATORIAL D'UN AIMANT.

| OBSERVATION Nº | $\theta$ = déviation de l'aiguille de la boussole. | tang $\theta$ | D = distance du centre de l'aiguille au centre de l'aimant. | $\mathcal{H}$ = champ magnétique constant terrestre. | $D^3 \operatorname{tg} \theta = \dfrac{\mathcal{M}}{\mathcal{H}}$ = rapport du moment de l'aimant à l'intensité du champ terrestre. |
|---|---|---|---|---|---|
| | | | | | |

On vérifiera que le produit du cube de la distance au centre de l'aiguille par la tangente de l'angle de déviation est constant et l'on pourra tracer une courbe représentant la variation de la force magnétique en fonction de la distance au centre de l'aimant.

# CHAMP MAGNÉTIQUE D'UN COURANT CIRCULAIRE.

*Appareils nécessaires :*
1° *Une spire de conducteur à forte section ;*
2° *Une boussole graduée glissant le long d'une tige de façon que le centre de l'aiguille reste constamment sur l'axe de la spire.*

Lorsqu'un conducteur est traversé par un courant, il se produit, dans son voisinage, un champ magnétique : ce champ est appelé *champ du courant*. Si l'on veut déceler ce champ à l'aide de limaille de fer, il conviendra de faire passer un courant de 4 à 5 ampères environ.

En différents points de l'axe d'une spire le champ est parallèle à cet axe et décroît à mesure que l'on s'éloigne du centre.

Pour une seule spire de rayon moyen égal à R et un courant de A ampères, la force magnétique au centre est égale à $\dfrac{2\pi RA}{10 R^2}$. Elle est donc directement proportionnelle à la longueur de la circonférence de la spire et inversement proportionnelle au carré de son rayon. Cette force est perpendiculaire au plan de la spire. Pour un solénoïde de N tours, la force magnétique au centre est

$$\frac{2\pi}{10}\frac{NA}{R} = \frac{5}{8}\frac{\text{ampèretours}}{\text{rayon moyen}}.$$

Pour N spires, A ampères et un rayon moyen R, la force magnétique à une distance D du centre est

$$\mathcal{F} = \frac{2\pi}{10} \frac{RNA}{(R^2 + D^2)} \frac{R}{\sqrt{R^2 + D^2}} = \frac{5}{8} NA \frac{R^2}{(R^2 + D^2)^{\frac{3}{2}}}.$$

Or la force magnétique en un point est la force en dynes qui agirait sur le pôle unité placé en ce point. Dès lors, si un petit aimant de longueur $l$ et ayant des pôles de masse $m$ est placé en un point de l'axe de façon que sa direction soit parallèle à celle du plan de la bobine, le couple ou torque tendant à faire tourner cet aimant sera $\mathcal{F}ml$, c'est-à-dire

$$\frac{5}{8} NA \frac{R^2}{(R^2 + D^2)^{\frac{3}{2}}} ml$$

ou

$$\frac{5}{8} \times \frac{\text{carré du rayon de la bobine} \times \text{ampèretours} \times \text{moment de l'aimant}}{\text{cube de la moyenne distance de l'aimant à la circonférence du cercle}}.$$

Ce couple tend à placer l'aimant perpendiculairement au plan de la bobine. Si l'on fait agir un second champ fixe d'intensité $\mathcal{H}$ et dirigé perpendiculairement à l'axe de la bobine, l'aiguille, après avoir pris sa position d'équilibre, fera avec le plan de la bobine un certain angle $\theta$, et l'on aura

$$\mathcal{F} = \mathcal{H} \tang \theta,$$

c'est-à-dire

$$\mathcal{H} \tang \theta = \frac{5}{8} NA \frac{R^2}{(R^2 + D^2)^{\frac{3}{2}}}.$$

Dès lors, pour un courant donné traversant une bobine déterminée, la force magnétique pour les différents points de l'axe est inversement proportionnelle au cube de la distance du point considéré à la circonférence moyenne de la bobine; cette force est de plus proportionnelle à la tangente de l'angle $\theta$ défini plus haut.

On vérifiera la formule en déplaçant la boussole le long de l'axe de la bobine. On placera la boussole à différentes distances du plan de la bobine et on notera les déviations correspondantes pour un courant constant et une force magnétique de comparaison $\mathcal{H}$ constante.

On pourra construire une courbe figurant les valeurs de la force magnétique pour différents points pris sur l'axe.

On fera ensuite varier le courant A. La formule peut servir soit pour déterminer A en fonction de $\mathcal{H}$ et des dimensions de la bobine, soit pour déterminer $\mathcal{H}$ en fonction de A, RD et N.

On consignera les résultats dans le Tableau suivant :

CHAMP MAGNÉTIQUE D'UN COURANT CIRCULAIRE.

Constantes de l'appareil R : =      cm.      N =

| OBSERVATION N° | $\theta$ = angle de déviation de la boussole. | tang $\theta$. | D = distance de l'aiguille au centre. | A = nombre d'ampères du courant. | $\mathcal{H}$ = force magnétique de comparaison. | $y = \text{tang}^2\theta \times (R^2 + D^2)^3$. |
|---|---|---|---|---|---|---|
| | | | | | | |

REMARQUES PARTICULIÈRES. — Disposer la bobine de façon que son plan soit parallèle à la composante horizontale du champ terrestre (égale à 0,18 environ). S'assurer, en court-circuitant la bobine, que le courant dans les fils auxiliaires n'influence pas directement la boussole.

Avoir soin, pour la première expérience, de maintenir le courant rigoureusement constant.

# ÉTALONNAGE D'UN GALVANOMÈTRE DES TANGENTES PAR LE VOLTAMÈTRE A EAU.

*Appareils nécessaires :*
1° *Un galvanomètre des tangentes;*
2° *Un voltamètre à eau disposé de façon à recueillir les gaz dans deux tubes différents. Employer $\frac{1}{10}$ acide sulfurique et $\frac{9}{10}$ eau comme électrolyte.*

Lorsqu'un courant électrique traverse un *électrolyte* (c'est-à-dire un liquide décomposable par le courant), il fait apparaître à la surface des conducteurs d'entrée et de sortie (appelés *électrodes*) deux corps composants appelés *ions.*

Le métal contenu dans la solution (ou le corps correspondant, comme, par exemple, l'hydrogène) est libéré à l'électrode négative.

On définit pratiquement un courant de 1 ampère en disant que c'est le courant constant qui dépose en une seconde 0$^{gr}$,001118 d'argent en décomposant une dissolution étendue de nitrate d'argent. En une heure, ce courant de 1 ampère dépose ainsi 4$^{gr}$,025 d'argent, ou encore (en le faisant passer dans une solution d'un sel convenable) 1$^{gr}$,178 de cuivre, ou enfin 0$^{gr}$,03738 d'hydrogène. Ces quantités sont les *équivalents électrochimiques* par ampèreheure. Le poids de 0$^{gr}$,03738 d'hydrogène correspond à un volume d'environ 440$^{cc}$ (à 15°C. et 760$^{mm}$ de pression). Soit V le volume (en centimètres cubes) d'hydrogène libéré par un courant déterminé en X secondes, à la température $t$ et à la pression de $H^{mm}$.

Réduit à la température de 15° et à la pression de 760$^{mm}$, ce volume V deviendra

$$\frac{273 + 15}{273 + t} \times V \; \frac{H}{760}.$$

En divisant ce volume par 440, nous obtiendrons, en ampère-heures, la quantité d'électricité qui a effectué la décomposition. Cette quantité est, d'autre part, représentée par $A \dfrac{X}{3600}$. On a donc

$$A \frac{X}{3600} = \frac{V}{440} \; \frac{H}{760} \; \frac{273 + 15}{273 + t}.$$

Si, par exemple,

$$V = 50^{cc}, \quad t = 20°, \quad X = 600 \text{ secondes}, \quad H = 740^{mm},$$

on aura

$$A = \frac{3600}{600} \; \frac{50}{440} \; \frac{740}{760} \; \frac{288}{293} = 0^{ampère},70.$$

Dès lors, l'observation du temps que met un courant pour libérer un volume déterminé d'hydrogène permet de mesurer ce courant en ampères. On pourra donc trouver la constante d'un galvanomètre des tangentes en le reliant en série avec un voltamètre et en notant la déviation qui correspond à un régime déterminé de décomposition de l'électrolyte. (La constante de l'instrument est le nombre par lequel il faut multiplier la tangente de l'angle de déviation pour avoir le nombre qui représente en ampères la valeur du courant qui produit cette déviation.) On procédera pour obtenir cette constante galvanométrique de la façon suivante :

Mettre le galvanomètre en station en plaçant le plan de la bobine parallèlement à l'aiguille; placer en série avec le galvanomètre un voltamètre et des résistances et ajuster ces dernières de façon que la déviation soit de 45°. Remplir alors d'acide sulfurique dilué les tubes collecteurs; puis, lançant le courant à un instant déterminé, observer, à l'aide d'un chronomètre, le temps (*en secondes*) nécessaire pour recueillir environ $50^{cc}$ d'hydrogène à la température $t°$ et la pression H. Ce temps correspond dans la formule à X. Observer en même temps l'angle de déviation de l'aiguille.

Faire varier ensuite l'intensité du courant et relever plusieurs observations analogues.

Consigner les résultats dans le Tableau suivant et en déduire la constante galvanométrique.

ÉTALONNAGE D'UN GALVANOMÈTRE DES TANGENTES
PAR LE VOLTAMÈTRE A EAU.

$t =$ température de l'air $= \ldots \ldots \ldots \ldots \ldots \ldots \quad °$ C.

$H =$ pression barométrique $= \ldots \ldots \ldots \ldots \ldots \quad $ mm

$v =$ volume d'hydrogène recueilli $= \ldots \ldots \ldots \ldots \quad $ cc

V (volume d'hydrogène recueilli réduit à $15°$ C. et $760^{mm}$) se détermine par l'équation

$$V = v \frac{H_1}{760} \frac{288}{273+t} \qquad \text{ou} \qquad H_1 = H + \frac{h\,S}{13.59}.$$

| OBSERVATION N° | $\theta$ angle de déviation. | tang $\theta$. | X temps (en secondes) pour recueillir $\ldots^{cc}$ d'hydrogène. | $h$ différence de niveau entre le réservoir et le tube. | Q quantité d'électricité en ampère-heures $Q = \dfrac{V}{440}$. | A courant en ampères $A = \dfrac{3600}{X} Q$. | $c$ constante galvanométrique $c = \dfrac{A}{\text{tang }\theta}$. |
|---|---|---|---|---|---|---|---|
|  |  |  |  |  |  |  |  |

**REMARQUES PARTICULIÈRES.** — S'assurer que le courant dans les câbles de connexion n'influence pas directement l'aiguille. Mesurer chaque fois, à la fin de l'expérience, la différence de hauteur entre la surface libre de l'électrolyte dans le récipient et la surface libre dans le tube. Soit $h$ cette quantité. Soit, de plus, S la densité spécifique de l'électrolyte. On réduira cette hauteur à son équivalent en hauteur de mercure en la multipliant par S et la divisant par $13,59$ qui représente la densité spécifique du mercure. On obtiendra la pression totale $H_1$ du gaz recueilli, en ajoutant à $H$ la valeur de $\dfrac{hS}{13,59}$. C'est cette valeur de $H_1$ qu'il conviendra d'introduire dans les calculs.

La longueur de l'aiguille doit correspondre au plus au $\frac{1}{10}$ du diamètre de la bobine. S'il en était autrement, la loi des tangentes ne se vérifierait plus et l'on ne pourrait plus considérer la *constante* du galvanomètre.

# MESURE D'UNE RÉSISTANCE ÉLECTRIQUE
## PAR LE PONT A CURSEUR.

*Appareils nécessaires :*
1° *Un pont à curseur, à fil de maillechort ou de platinoïde ;*
2° *Une ou deux piles sèches (Obach ou Leclanché);*
3° *Un interrupteur ;*
4° *Un galvanomètre à miroir, sensible (de préférence un appareil à bobine mobile );*
5° *Une boîte de résistance à chevilles.*

Le dispositif connu sous le nom de *pont de Wheatstone* consiste en un ensemble de six conducteurs combinés comme l'indique le diagramme (*fig.* 2).

Ces circuits comportent une batterie B et un galvanomètre G.

Fig. 2.

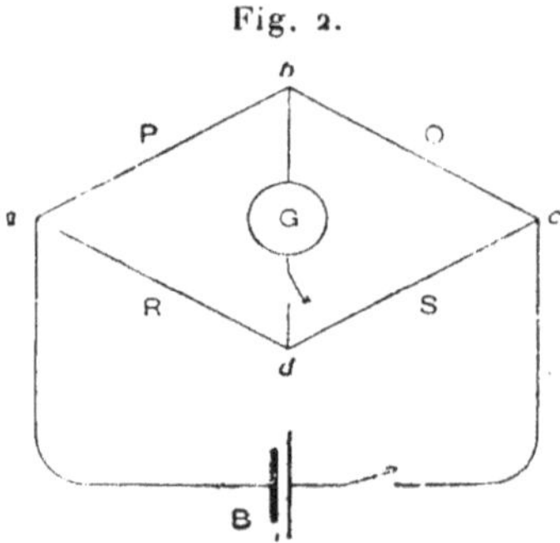


Le courant de la batterie entrant en $a$ dans le parallélogramme de conducteurs se dirige vers $c$ par deux chemins, par P et Q et par R et S. Étant donné le point $b$, il est toujours possible de trouver un point $d$ sur le chemin RS ayant même potentiel que le point $b$; si l'on relie ces points par un circuit (appelé *pont*) contenant un galvanomètre, on constatera, évidemment, qu'aucun courant ne traverse l'instrument.

Lorsque cette condition est réalisée, le pont est dit *en équilibre* : le courant en P est égal au courant en Q et le courant en R au courant en S. Appelons ces deux courants $A_1$ et $A_2$. La perte en volts à travers P est égale à la perte en volts à travers R. Il en est de même pour Q et S. Soient $V_1$ et $V_2$ ces chutes de potentiel. La loi d'Ohm donne, lorsque le pont est équilibré,

$$A_1 = \frac{V_1}{P} = \frac{V_2}{Q}, \qquad A_2 = \frac{V_1}{R} = \frac{V_2}{S},$$

d'où

$$\frac{P}{Q} = \frac{R}{S}.$$

Dès lors, si les valeurs de $\frac{P}{Q}$ et de S sont connues, on pourra calculer la valeur de R.

En pratique, P et Q sont les résistances de deux sections d'un fil fin tendu au-dessus d'une échelle graduée, et S est la

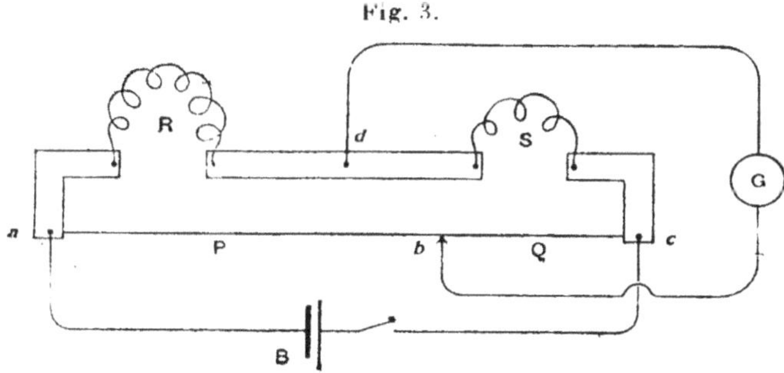

Fig. 3.

résistance d'une boîte à chevilles. Une batterie (une ou deux piles) est branchée aux extrémités du fil fin et le parallélogramme est complété par une résistance étalon S et la résistance inconnue R, comme le montre le diagramme (*fig.* 3).

Le galvanomètre est branché entre R et S, et le contact glissant du pont.

Ayant ainsi disposé les circuits, on cherchera la position du contact glissant pour laquelle le galvanomètre n'accuse aucune déviation lorsqu'on ferme l'interrupteur.

REMARQUES PARTICULIÈRES. — Fermer le circuit de la batterie avant celui du galvanomètre.

Appuyer très légèrement sur le contact glissant pour ne pas déformer le fil. Obtenir l'équilibre le plus rapidement possible, de façon à ne pas laisser aux conducteurs le temps de s'échauffer.

Lorsque l'équilibre est obtenu, lire les longueurs des deux sections du fil gradué de chaque côté du contact. Ces longueurs sont proportionnelles aux résistances des deux parties, c'est-à-dire à P et à Q. Noter la résistance-étalon S et calculer la valeur de la résistance inconnue par l'équation

$$R = \frac{P}{Q} S.$$

P et Q sont appelés les *bras du pont*. La précision de la mesure dépend évidemment de l'uniformité du fil à curseur. Les conditions les plus favorables correspondent au cas où la résistance-étalon a une valeur voisine de la résistance inconnue R. Inscrire les résultats au Tableau suivant.

Pour faciliter la détermination approximative de la position d'équilibre, on peut *shunter* le galvanomètre; mais le shunt doit être ensuite retiré pour permettre le réglage définitif.

| OBSERVATION N° | BRAS DU PONT. | | RÉSISTANCE étalon en ohms S = . | VALEUR calculée pour R. | SPÉCIFICATION du conducteur mesuré. |
|---|---|---|---|---|---|
| | P. | Q. | | | |
| | | | | | |

# ÉTALONNAGE D'UN GALVANOMÈTRE BALISTIQUE.

*Appareils nécessaires :*
1° *Un galvanomètre balistique à miroir (à bobine ou à aiguille mobile);*
2° *Un condensateur de capacité variable ;*
3° *Quelques éléments secondaires ;*
4° *Un voltmètre ;*
5° *Un interrupteur.*

Un galvanomètre se compose, en principe, d'un aimant et d'un solénoïde; l'aimant peut être fixe et la bobine mobile ou inversement. Normalement, l'axe de l'aimant doit être perpendiculaire à celui de la bobine. Quand un courant traverse la bobine, il se produit une réaction mutuelle qui tend à placer les deux axes parallèlement. On oppose à cette force une autre force qu'on appelle *force antagoniste.* Dans le cas où l'aimant est mobile la force antagoniste est généralement créée par le champ d'un aimant fixe. Dans le cas de la bobine mobile on a recours à la torsion d'un fil de suspension. Lorsque l'appareil est construit de façon que les oscillations de la partie mobile soient rapidement amorties, il est dit *apériodique.* Lorsqu'il n'y a pas d'amortissement, il est dit *balistique.*

Le galvanomètre balistique est employé pour mesurer les quantités d'électricité, tandis que le galvanomètre apériodique sert à la mesure des courants.

On sait que, si l'on considère un corps pesant mobile autour d'un axe, la somme des produits de chaque masse élémentaire $m$ par le carré de sa distance à l'axe s'appelle le *moment d'inertie du corps;* nous désignerons cette quantité $\Sigma mr^2$ par la lettre I.

Dans l'étude du mouvement d'un corps oscillant on a à considérer les quantités suivantes :

1° La vitesse angulaire $\omega = \dfrac{d\theta}{dt}$ ou rapport de la valeur numérique du petit angle $d\theta$ au temps employé à le parcourir ;

2° Le moment de la quantité de mouvement, par rapport au centre de rotation $= I\omega =$ produit du moment d'inertie par la vitesse angulaire à un moment déterminé ;

3° L'énergie cinétique $= \frac{1}{2}I\omega^2 = \frac{1}{2}$ produit du moment d'inertie par le carré de la vitesse angulaire ;

4° Le couple, ou torque, qui produit la rotation $T = I\dfrac{d\omega}{dt} =$ dérivée du moment de la quantité de mouvement.

Notons que le produit d'un couple par le temps durant lequel il agit s'appelle l'*impulsion du couple.*

Dans le cas d'un petit aimant, de longueur $l$, mobile autour d'un axe vertical, dévié par une force magnétique qui agit sur lui perpendiculairement à sa longueur et à un instant déterminé avec une intensité $f$, le couple agissant est $fl$.

On a donc

$$fl\,dt = I\,d\omega.$$

Dès lors, si un couple de grandeur variable agit comme précédemment sur un aimant (la force appliquée aux pôles étant perpendiculaire à l'axe de l'aimant pendant la durée de l'impulsion), l'aimant subira un écart ou déviation angulaire $\theta$ et s'éloignera de sa position d'équilibre avec une vitesse angulaire déterminée $\Omega$ : l'équation précédente nous montre que l'impulsion totale est mesurée par la somme des moments de quantité de mouvement que possède l'équipage mobile au moment où il quitte sa position de repos.

Soit $\mathfrak{M}$ le moment de l'aimant du galvanomètre. Supposons qu'un courant de courte durée, tel qu'un courant de décharge, soit envoyé dans la bobine du galvanomètre ; désignons par $i$

la valeur momentanée de ce courant ($dq = i\,dt$, $dq$ étant la quantité d'électricité qui passe pendant le temps infiniment petit $dt$). Si la décharge est complète avant que l'aimant n'ait commencé à se déplacer, l'impulsion totale reçue est l'intégrale d'impulsions élémentaires qu'on peut exprimer par l'expression $\mathfrak{M}\,C i\,dt = \mathfrak{M}\,C\,dq$ où C représente une constante dépendant de la forme des bobines. L'impulsion totale sera donc $\mathfrak{M}$ CQ (Q désignant la quantité totale d'électricité fournie par la décharge. D'après ce que nous avons vu plus haut, cette quantité $\mathfrak{M}$ CQ est numériquement égale à I$\Omega$ ($\Omega$ étant la vitesse angulaire avec laquelle l'aiguille part de sa position de repos). L'énergie cinétique de l'aiguille au départ est mesurée par $\frac{1}{2}$ I$\Omega^2$. L'énergie potentielle de l'aiguille au moment où elle se trouve au repos pendant un temps infiniment court, après avoir décrit un angle $\theta$, est $\mathfrak{M}\,\mathfrak{H}\,(1 - \cos\theta) = 2\,\mathfrak{M}\,\mathfrak{H}\,\sin^2\frac{\theta}{2}$ (où $\mathfrak{H}$ représente l'intensité du champ directeur), d'où :

$$\frac{1}{2}\,I\,\Omega^2 = 2\,\mathfrak{M}\,\mathfrak{H}\,\sin^2\frac{\theta}{2},$$

$$I\,\Omega = \mathfrak{M}\,CQ$$

et

$$Q = 2\sqrt{\frac{\mathfrak{H}\,I}{\mathfrak{M}\,C^2}}\,\sin\frac{\theta}{2}.$$

Nous voyons donc que, si la décharge est complète avant que l'aiguille n'ait eu le temps de se déplacer, la quantité d'électricité est proportionnelle à la moitié du sinus de l'angle de déviation observé.

On peut le vérifier expérimentalement en chargeant un condensateur de capacité déterminée K à différents potentiels V et en déchargeant cette quantité Q = KV à travers le galvanomètre balistique à miroir. On notera l'élongation $x$ de la tache lumineuse et la distance $d$ de l'échelle au miroir. On en déduira la valeur de $\sin\frac{\theta}{2}$. (*Voir* Appendice.)

Remarquer que $x = d\,\text{tang}\,2\theta$. Inscrire les résultats dans le Tableau suivant.

ÉTALONNAGE DU GALVANOMÈTRE BALISTIQUE.

| OBSER-VATION Nº | $d$ distance de l'échelle au miroir. | $x$ élonga-tion de la tache lumi-neuse. | tang $2\theta$ $= \dfrac{x}{d}$. | VALEUR corrigée de $\sin\dfrac{\theta}{2}$. | K capacité du conden-sateur. | V potentiel de charge. | VALEUR de la constante balistique $\dfrac{KV}{\sin\dfrac{\theta}{2}}$. |
|---|---|---|---|---|---|---|---|
| | | | | | | | |

REMARQUES PARTICULIÈRES. — Par suite de la résistance de l'air, la quantité $\sin\dfrac{\theta}{2}$ correspondant à l'angle observé doit être multipliée par le facteur $\left(1 + \dfrac{\lambda}{2}\right)$ pour obtenir la valeur vraie qu'aurait eu $\sin\dfrac{\theta}{2}$ s'il n'y avait pas eu d'amortissement.

La valeur de $\lambda$ est obtenue en prenant le logarithme vulgaire du rapport de deux élongations consécutives lorsque l'aiguille oscille librement et en multipliant par 2,3026. La quantité $\lambda$ est appelée le *décrément logarithmique du galvanomètre*.

# DÉTERMINATION DE L'INTENSITÉ D'UN CHAMP MAGNÉTIQUE.

*Appareils nécessaires :*
1° *Un galvanomètre balistique à miroir (à aiguille, ou bobine, mobile) ayant une période d'oscillation au moins égale à deux ou trois secondes et un décrément logarithmique connu ou négligeable ;*
2° *Une boîte de résistance ;*
3° *Une spire pour l'exploration du champ ;*
4° *Un aimant.*

Si nous plaçons un solénoïde comprenant une ou plusieurs spires de fil isolé dans un champ magnétique créé par un aimant, ou par un conducteur parcouru par un courant, de telle façon que ce solénoïde soit traversé par un certain nombre de lignes de force, et si, après avoir relié ce solénoïde à un galvanomètre balistique (préalablement étalonné), nous l'écartons subitement de sa position, la variation de flux engendrera une force électromotrice et une certaine quantité d'électricité sera ainsi envoyée dans le galvanomètre. Dans ces conditions, la déviation du galvanomètre balistique devient une mesure du nombre de lignes d'induction passant à travers le solénoïde, c'est-à-dire une mesure de l'intensité du champ au point considéré.

Soit $\mathfrak{H}$ l'intensité du champ magnétique en un point (c'est-à-dire le nombre de lignes de force par centimètre carré à travers la surface du solénoïde supposé dirigé perpendiculairement à la direction du champ). Soient de plus N le nombre de spires du solénoïde et A la surface moyenne de chaque spire, en centimètres carrés. Le produit $\mathfrak{B}$ NA est appelé l'*induction totale à travers le solénoïde;* nous le désignerons par $\mathfrak{I}$; si le solénoïde est amené en un point où le champ magnétique est nul, la valeur de $\mathfrak{I}$ variera de $\mathfrak{I}$ à o. A chaque instant, la valeur de la force électromotrice est proportionnelle à la variation de $\mathfrak{I}$. Si le solénoïde est connecté à un galvanomètre balistique et si R est la résistance totale du circuit, comprenant le solénoïde, le galvanomètre et les fils de connexion, le courant sera à chaque instant mesuré par le quotient de la force électromotrice (c'est-à-dire la variation de l'induction totale) par la résistance R.

Divisons le temps du déplacement du solénoïde en intervalles infiniment petits $dt$, et désignons par $i$ l'intensité correspondante. L'intégrale des produits $i\,dt,$ depuis le commencement jusqu'à la fin du mouvement, représente la quantité totale d'électricité Q mise en mouvement. Dès lors, le quotient obtenu en divisant la variation totale de l'induction par la résistance du circuit est numériquement égal à la quantité d'électricité

$$\frac{\mathfrak{I}}{R} = Q,$$

ou

$$\mathfrak{I} = QR, \qquad \mathfrak{B}\,NA = QR.$$

Pour obtenir la valeur de l'induction $\mathfrak{B}$ en un point, nous y placerons donc un solénoïde de N tours, chaque tour ayant une surface moyenne A, de manière que le champ soit perpendiculaire à sa surface, puis, après l'avoir relié à un galvanomètre balistique et mesuré la résistance R du circuit total, nous l'éloignerons brusquement. L'aiguille du galvanomètre décrira un angle $\theta$; la valeur de $C \sin \dfrac{\theta}{2}$ mesurera la quantité totale d'électricité engendrée,

$$Q = C \sin \frac{\theta}{2}$$

(C constante balistique).

Nous avons alors

$$\mathcal{B}\,\mathrm{NA} = \mathrm{RC}\sin\frac{\theta}{2},$$

$$\mathcal{B} = \frac{\mathrm{RC}\sin\dfrac{\theta}{2}}{\mathrm{NA}}.$$

La valeur de $\sin\dfrac{\theta}{2}$ est facile à déterminer quand on connaît l'élongation $x$ de la tache lumineuse (en supposant qu'on se serve d'un galvanomètre à miroir) et la distance $d$ de l'échelle au miroir, car $\dfrac{x}{d} = \operatorname{tang} 2\theta$. On en tire $\theta$, puis $\sin\dfrac{\theta}{2}$. (*Voir* Appendice.)

REMARQUES PARTICULIÈRES. — Le raisonnement précédent suppose que l'aiguille est restée immobile pendant le déplacement du solénoïde; ce déplacement devra donc s'effectuer très rapidement.

Avant l'expérie nce, l'aiguille doit être au repos absolu.

Répéter cette expérience pour différents points d'un champ. Prendre pour unité de comparaison l'intensité en un point déterminé. Explorer ainsi le champ magnétique en différents points de l'axe d'un aimant en prenant l'intensité au voisinage direct du pôle comme unité. Avant d'introduire les valeurs de $\sin\dfrac{\theta}{2}$ dans la formule, leur faire subir une correction en les multipliant par $\left(1 + \dfrac{\lambda}{2}\right)$ où $\lambda$ représente le décrément logarithmique du galvanomètre.

DÉTERMINATION DE L'INTENSITÉ D'UN CHAMP MAGNÉTIQUE.

| OBSERVATION Nº | $x$ élongation de la tache lumineuse. | $d$ distance de l'échelle au miroir. | $\dfrac{x}{d} = \operatorname{tang} 2\theta.$ | VALEUR de $\sin\dfrac{\theta}{2}\left(1+\dfrac{\lambda}{2}\right)$ | D distance à l'un des pôles. | $\mathcal{B}$ valeur de l'induction à la distance D. |
|---|---|---|---|---|---|---|
| | | | | | | |
| | | | | | | |

# EXPÉRIENCES SUR LES CHAMPS MAGNÉTIQUES.

*Appareils nécessaires :*
*1° Un long solénoïde de fil isolé, enroulé sur un tube de carton, de verre ou de bois ; on suppose exactement connus le nombre total de spires et la longueur du solénoïde ;*
*2° Une bobine très soigneusement enroulée en une seule couche, de façon à permettre l'évaluation facile de l'aire totale embrassée par l'ensemble des spires ;*
*3° Un galvanomètre balistique, à miroir, sensible ;*
*4° Une boîte de résistance ;*
*5° Une spire exploratrice.*

La force magnétique ou intensité $\mathcal{F}$ du champ en un point voisin d'un très long conducteur traversé par un courant d'intensité A est numériquement égal au quotient du $\frac{1}{5}$ du courant par la distance du point au conducteur

$$\mathcal{F} = \frac{2\,A}{10\,d}.$$

Cette formule n'est vraie qu'à condition que le conducteur de retour soit à une très grande distance. Les lignes de force décrivent tout autour du conducteur des cercles dont les plans lui sont perpendiculaires. La force magnétique en chaque point est dirigée suivant la tangente à l'un de ces cercles et a la valeur déterminée par la formule précédente. La longueur de la ligne de force qui passe par le point considéré est $2\pi d$. Elle peut être considérée comme constituant un circuit magnétique. Multiplions la longueur de ce circuit magnétique, c'est-à-dire $2\pi d$ par la valeur de la force magnétique tout le long de ce circuit, c'est-à-dire $\dfrac{2A}{10d}$, nous obtiendrons comme produit $\dfrac{4\pi}{10}A$. Cette quantité s'appelle la *force magnétomotrice* le long de la ligne considérée.

Dans chaque cas particulier, et quelle que puisse être la forme du circuit conducteur ou du circuit magnétique qui lui est lié, nous aurons toujours la relation générale suivante :

$$\left.\begin{array}{c}\text{La force magnétomotrice}\\ \text{le long d'un circuit.}\end{array}\right\} = \frac{4\pi}{10} \times \left\{\begin{array}{l}\text{le nombre total d'ampères tra-}\\ \text{versant le circuit magnétique.}\end{array}\right.$$

Faisons une application à un cas général. Considérons, par exemple, un tore en bois dont le diamètre moyen soit très grand par rapport au diamètre de sa section circulaire transversale. Supposons qu'on bobine sur sa circonférence un nombre N de fils isolés et soit A le nombre d'ampères portés par le conducteur. Ce dispositif constitue un solénoïde circulaire. La direction de la force magnétique en un point quelconque de l'axe circulaire de ce solénoïde est donnée par la tangente au point considéré. Soient L la longueur de cet axe et $\mathcal{F}$ la force magnétique. Le courant total circulant à travers ce circuit magnétique est NA. La règle précédente donne

$$\mathcal{F}L = \frac{4\pi}{10}NA,$$

d'où

$$\mathcal{F} = \frac{4\pi}{10}\frac{NA}{L}.$$

La force magnétique au centre d'un solénoïde circulaire est donc égale à $\dfrac{4\pi}{10}$ fois les ampèretours par unité de longueur du solénoïde.

La règle s'applique encore à un solénoïde droit, à condition que sa longueur soit grande par rapport à son diamètre. La force magnétique à l'intérieur d'une longue bobine s'obtient en multipliant par $\dfrac{4\pi}{10}$ les ampèretours par unité de longueur.

Une bobine de cette espèce pourra donc nous servir d'étalon de champ magnétique, si nous connaissons le courant qu'elle porte.

On appliquera cette formule à un cas particulier et on la vérifiera expérimentalement.

On placera la seconde bobine dans ce champ magnétique connu et on la connectera à travers une boîte de résistances à chevilles à un galvanomètre balistique. On mesurera la résistance totale du circuit composé du galvanomètre, de la seconde bobine et des connexions, puis on interrompra brusquement le courant à travers la bobine-étalon et l'on notera l'écart du galvanomètre balistique.

Faire plusieurs essais avec un courant de même valeur à travers la bobine-étalon et des résistances variables dans le circuit de la seconde. Vérifier que le produit du sinus du demi-angle de déviation ou $\sin\dfrac{\theta}{2}$ par la résistance totale du circuit du galvanomètre est un nombre constant. Faire la correction des valeurs de $\sin\dfrac{\theta}{2}$ en les multipliant par $\left(1+\dfrac{\lambda}{2}\right)$, $\lambda$ décrément logarithmique. Consigner les résultats dans le Tableau suivant.

TABLEAU I. — EXPÉRIENCES AVEC LES CHAMPS MAGNÉTIQUES ÉTALONS.

| OBSER-VATION N° | $d$ distance du miroir à l'échelle. | $x$ élongation de la tache lumineuse. | $\operatorname{tg} 2\theta = \dfrac{x}{d}$. | VALEUR corrigée de $\sin\dfrac{\theta}{2}$. | R résistance du circuit galvano-métrique. | VALEUR calculée de $\operatorname{R}\sin\dfrac{\theta}{2}$. |
|---|---|---|---|---|---|---|
| | | | | | | |

Prendre ensuite la seconde bobine constituée d'une seule couche de fil isolé à la soie et bobiné uniformément sur un tube de diamètre connu et pour laquelle on connaît, par suite, la surface totale embrassée par les spires; la placer dans le champ-étalon et faire plusieurs déterminations avec des courants de valeurs différentes. Observer les écarts de l'aiguille du galvanomètre balistique quand on supprime le courant et vérifier que $\sin\frac{\theta}{2}$ varie comme le champ de la bobine-étalon quand la résistance reste fixe : autrement dit, vérifier que le quotient de $\sin\frac{\theta}{2}$ par le nombre d'ampères du courant de la bobine-étalon est constant.

Consigner les résultats dans le Tableau II.

### TABLEAU II.

| OBSERVATION N° . | $d$ distance de l'échelle au miroir. | $x$ élongation de la tache lumineuse. | $\operatorname{tg} 2\theta = \dfrac{x}{d}$. | VALEUR corrigée de $\sin\frac{\theta}{2}$. | A courant de la bobine étalon. | VALEUR calculée $\dfrac{\sin\frac{\theta}{2}}{A}$. |
|---|---|---|---|---|---|---|
|  |  |  |  |  |  |  |

Il conviendra de placer la bobine à champ-étalon assez loin du galvanomètre pour qu'elle ne puisse l'influencer directement.

# DÉTERMINATION
# DU CHAMP MAGNÉTIQUE DANS L'ENTREFER
# D'UN ÉLECTRO-AIMANT.

*Appareils nécessaires :*
*1° Un galvanomètre balistique ;*
*2° Un condensateur pour étalonner le galvanomètre ;*
*3° Une petite bobine plate enroulée d'un grand nombre de tours de fil fin ;*
*4° Un électro-aimant composé de deux tiges de fer doux recourbées en demi-cercle ou en demi-rectangle et portant chacune, en leur milieu, une bobine magnétisante d'un nombre de tours connu.*

Si un circuit magnétique constitué soit uniquement de fer, soit uniquement d'un corps non magnétique, ou encore en partie par un corps magnétique et en partie par un corps non magnétique, est soumis à une force magnétomotrice, cette force produit une induction dans le fer ou les autres corps soumis à son influence.

Si le circuit est uniquement constitué par un tore en fer, recouvert d'un certain nombre de spires dans lesquelles circule un courant, la force magnétisante peut être calculée par une formule connue (*voir* p. 23). Si le circuit comporte un entrefer, c'est-à-dire une coupure, la force magnétique qui se manifeste dans cet entrefer est appelée l'*induction magnétique* dans le fer. Une boucle de fil conducteur ou une bobine de plusieurs spires placée dans cet entrefer ou bobinée autour

du circuit lui-même, puis brusquement éloignée du champ,
devient le siège d'une force électromotrice. Si cette bobine
est reliée à un galvanomètre balistique, cette force électromotrice momentanée engendrera un courant à travers le galvanomètre. La quantité totale d'électricité Q ainsi engendrée peut
être déterminée par la connaissance du sinus du demi-angle
de déviation de l'aiguille et de la constante C du galvanomètre
(*voir* p. 18). On a

$$Q = C \sin\frac{\theta}{2}\left(1 + \frac{\lambda}{2}\right)$$

($\lambda$ décrément logarithmique).

Soit R la résistance de la bobine d'exploration, des connexions et du galvanomètre : après avoir placé la bobine dans
l'entrefer, de telle façon que les lignes d'induction la tra-
versent normalement, éloignons-la brusquement : on aura
entre la quantité d'électricité la résistance totale R, l'induction
dans l'entrefer $\mathfrak{B}$, le nombre de tours N de la bobine d'exploration et l'aire moyenne A de chaque spire la relation (*voir*
p. 21)

$$AN\mathfrak{B} = QR.$$

La quantité $AN\mathfrak{B}$ est appelée l'*induction totale à travers la
bobine* : c'est le produit de l'aire moyenne de chaque tour
par le nombre de tours et par l'induction moyenne au point
considéré. On pourra donc déterminer $\mathfrak{B}$ en C.G.S. en fonction de R, A et N. Noter que, si R est exprimé en ohms, il faudra
multiplier ce nombre par $10^9$ pour le réduire en C.G.S. Si Q
est exprimé en microcoulombs, il faudra le diviser par $10^7$.
A devra être exprimé en centimètres carrés.

Relever les nombres A et N. Connecter la bobine d'exploration à un galvanomètre balistique et mesurer la résistance
totale R du circuit. Placer la bobine dans l'entrefer d'un électro-
aimant ayant un nombre de spires connu $n$, puis exciter la
bobine. Faire varier le courant $a$ d'excitation et noter les
ampèretours correspondants $an$. Observer la déviation produite lorsqu'on éloigne subitement la bobine. Étalonner le galvanomètre à l'aide du condensateur et déterminer sa constante
balistique (*voir* p. 18).

Déduire des valeurs de $\sin\dfrac{\theta}{2}\left(1+\dfrac{\lambda}{2}\right)$ la quantité d'électricité en microcoulombs et calculer la valeur de l'induction par l'équation ci-dessus. Tracer une courbe montrant la variation de B en fonction des ampèretours.

Transcrire les résultats dans le Tableau suivant.

DÉTERMINATION DU CHAMP MAGNÉTIQUE DANS L'ENTREFER
D'UN ÉLECTRO-AIMANT.

Valeurs constantes à déterminer :
A aire moyenne d'une spire,
N nombre de spires de la bobine d'exploration,
$n$ nombre de tours de l'électro,
$d$ distance de l'échelle au miroir,
R résistance totale du circuit galvanométrique,
$\lambda$ décrément logarithmique,
C constante balistique.

| OBSER-VATION N° | COURANT dans l'électro $a.$ | AMPÈRE-TOURS $an.$ | $\tan 2\theta = \dfrac{x}{d}$ ($x$ élongation de la tache lumineuse). | $\sin\dfrac{\theta}{2}\left(1+\dfrac{\lambda}{2}\right)$ | w entrefer. | INDUCTION dans l'entrefer $\mathfrak{b}.$ |
|---|---|---|---|---|---|---|
| | | | | | | |

Recommencer la détermination en laissant constant le courant d'excitation et en faisant varier la longueur de l'entrefer. Tracer une courbe montrant la variation de l'induction avec l'entrefer. Répéter l'expérience avec une petite dynamo ayant des disques d'induit de diamètres différents; faire une série de déterminations à courant variable avec un entrefer déterminé.

# DÉTERMINATION D'UNE RÉSISTANCE PAR LE PONT DE WHEATSTONE.

*Appareils nécessaires :*
1° *Un pont de Wheatstone;*
2° *Un galvanomètre à bobine mobile;*
3° *Une petite batterie de piles sèches;*
4° *Quelques bobines de fil conducteur;*
5° *Un récipient contenant de l'huile de paraffine;*
6° *Un thermomètre.*

La disposition du pont de Wheatstone est représentée par le diagramme ci-dessous (*fig.* 4) :

Fig. 4.

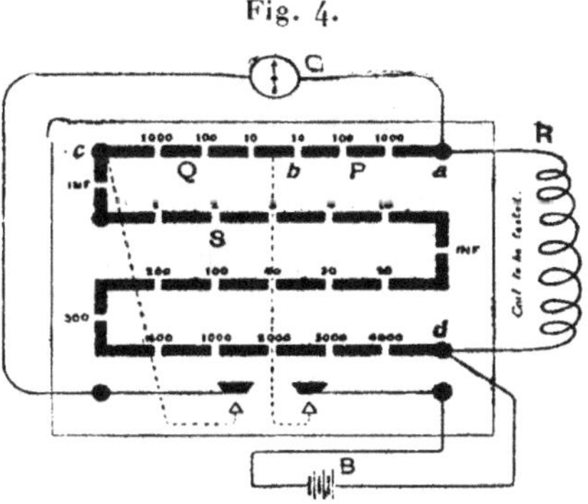

La rangée de bobines supérieures s'appelle les *bras de proportion;* elle est généralement constituée par une série de bobines de 1000, 100, 10, 10, 100, 1000 ohms. Dans les grands modèles on ajoute quelquefois la bobine de 10 000 ohms et celle de 1 ohm. Les bobines d'équilibre comportent une série de résistances de 4000 ou 5000 ohms à 1 ohm. Le galvanomètre est généralement relié par une clef aux extrémités des bras de proportion ; la batterie est alors reliée, également par une clef, au centre de cette série et à l'extrémité de la série des bobines d'équilibre. En maniant les chevilles on doit prendre les précautions suivantes :

1° Ne pas trop forcer en les enfonçant, pour ne pas avoir à craindre de les détériorer en les retirant ;

2° Les enfoncer toutefois assez pour assurer un bon contact ;

3° Ne jamais toucher la partie métallique des chevilles avec les doigts gras ou humides ;

4° Ne jamais laisser les chevilles qui ne sont pas en service sur la table d'expérience ; les placer dans le couvercle de la boîte du pont ;

5° Après chaque expérience, remettre en place, très minutieusement, toutes les chevilles et fermer la boîte. Pour faire une mesure, connecter au pont la résistance à évaluer à l'aide de conducteurs de forte section, comme l'indique le diagramme. S'assurer que toutes les chevilles sont bien assujetties. Placer la résistance à évaluer dans un bain d'huile de paraffine et prendre sa température en ayant soin de bien agiter l'huile. Retirer dans les bras de proportion deux chevilles correspondant à la même résistance, soit, par exemple, les chevilles 100 et 100. Essayer alors, en retirant des chevilles de la série d'équilibre, d'amener le galvanomètre au o ou tout au moins de réaliser une combinaison telle que, la cheville 1 étant retirée, on obtienne une petite déviation dans un certain sens et que cette déviation change de signe lorsque la cheville 1 est remise en place. Adopter alors un autre rapport en enlevant, par exemple, la cheville 10 du côté le plus près de la résistance en expérience et la cheville 1000 de l'autre. Lorsqu'on a obtenu deux petites déviations contraires pour la mise en circuit et hors circuit de la résistance I, la résistance exacte peut être déterminée comme suit :

Supposons que les bras proportionnels soient 1000 et 10 et que dans la série d'équilibre les chevilles retirées soient 5000, 1000,

200, 20, 5, 2, 1. La résistance à mesurer est comprise entre $62^{\text{ohms}},27$ et $62^{\text{ohms}},28$. Si l'introduction de la cheville 1 donne une déviation de 10 unités et si la déviation inverse qu'on obtient lorsque cette cheville est retirée est de 20 divisions, la résistance exacte sera de $62^{\text{ohms}},2733$ [la première déviation, 10, étant $\frac{1}{3}$ de la somme $(10 + 20)$ des deux déviations]. On déterminera de la sorte la résistance exacte d'une série de bobines pour différentes températures. On obtiendra la température requise en échauffant le bain d'huile de paraffine et en prenant soin de le bien agiter. Consigner les résultats dans le Tableau suivant.

| OBSERVATION N° | BRAS de proportion. | | RÉSISTANCE d'équilibre C = . | RÉSISTANCE calculée R. | TEMPÉRATURE. | NATURE de la bobine. | COEFFICIENT de température $a$. |
|---|---|---|---|---|---|---|---|
| | P. | Q. | | | | | |
| | | | | | | | |

On peut tracer pour chaque bobine une courbe donnant sa résistance en fonction de sa température. Soient $R_0$ la résistance à $0°$ et $R$ la résistance à $t°$, nous appellerons *coefficient de température* la quantité $a$, définie par

$$R = R_0(1 + at),$$

$a$ est la variation par unité de résistance qui correspond à une élévation de $1°$. Cette quantité peut être évaluée pour une température quelconque. On déterminera sa valeur moyenne pour la température de $15°$C.

Soient :

$R$ la résistance à $t°$,

$R'$ la résistance à $t'°$,

$$R = R_0(1 + at), \qquad R' = R_0(1 + at'),$$
$$\frac{R}{R'} = \frac{1 + at}{1 + at'}, \qquad a = \frac{R - R'}{R't - Rt'}.$$

On obtiendra différentes valeurs de $a$ en faisant des séries d'observations à des températures assez peu différentes. On peut mesurer également à l'aide du pont la résistance de circuits variés présentant (comme dans le cas des inducteurs d'une dynamo) un notable coefficient de self-induction. Observer que la clef de la batterie doit toujours être fermée avant celle du galvanomètre.

## DÉTERMINATION D'UNE DIFFÉRENCE DE POTENTIEL PAR LE POTENTIOMÈTRE.

*Appareils nécessaires :*
1° *Un potentiomètre (qui peut être constitué par un simple fil divisé à défaut d'un appareil plus compliqué, tel que le potentiomètre Crompton, par exemple);*
2° *Un galvanomètre sensible à bobine mobile;*
3° *Trois grands éléments de batterie secondaire;*
4° *Une pile étalon Clark;*
5° *Une résistance variable ou rhéostat;*
6° *Quelques piles à essayer.*

Dans sa forme la plus simple le potentiomètre est constitué par un fil fin *ab* en platinoïde ou en maillechort fixé sur une

Fig. 5.

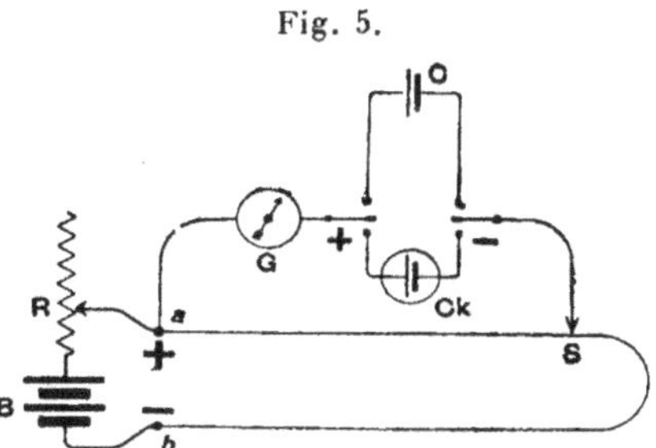

échelle (*fig.* 5) divisée en 4ooo parties égales. Le fil doit avoir une résistance de 4o à 5o ohms. Les extrémités du fil sont connectées à une batterie de trois accumulateurs B de grande surface; on a ainsi une différence de potentiel d'environ 6 volts.

Une des bornes d'un galvanomètre est reliée à l'extrémité $a$ du conducteur et l'autre à l'un des pôles d'un élément Clark, étalon $C_k$; ce pôle doit être de même nom que celui de la batterie secondaire qui correspond à l'extrémité $a$ du conducteur. Le second pôle de l'étalon Clark est fixé à un contact glissant S qui se déplace le long du fil et peut ainsi établir une communication en un point quelconque. L'étalon Clark a, à différentes températures, les forces électromotrices consignées au Tableau ci-dessous :

| Volts. | Tempér. | Volts. | Tempér. |
|---|---|---|---|
| 1,444 | 6° | 1,433 | 16° |
| 1,443 | 7 | 1,432 | 17 |
| 1,442 | 8 | 1,431 | 18 |
| 1,441 | 9 | 1,430 | 19 |
| 1,440 | 10 | 1,428 | 20 |
| 1,438 | 11 | 1,427 | 21 |
| 1,437 | 12 | 1,426 | 22 |
| 1,436 | 13 | 1,425 | 23 |
| 1,435 | 14 | 1,424 | 24 |
| 1,434 | 15 | 1,423 | 25 |

Le potentiomètre sert à comparer la force électromotrice de cet étalon à celle d'une pile quelconque C.

Pour éviter les calculs, il est préférable d'employer trois éléments secondaires et d'ajuster le rhéostat de façon à avoir exactement 4 volts aux extrémités du fil. Pour arriver à ce résultat, le rhéostat R doit être à variation continue : on pourra employer avantageusement soit le rhéostat de M. Shelford Bidwell, soit celui de Lord Kelvin.

Pour régler l'appareil, on procédera de la façon suivante :

Le contact glissant sera placé à la position correspondant exactement à la valeur de l'étalon pour la température de la salle d'expériences. Si, par exemple, cette température est de 18°C., on le placera à la division 1431 qui correspond à $1^{volt},431$. Le rhéostat R sera alors manœuvré de façon à annuler le courant dans le circuit du galvanomètre. Ceci étant, on en conclura que la différence de potentiel le long du câble est de $1^{volt},431$

pour 1431 divisions et, par suite, de 4 volts pour 4000 divisions. On substituera alors à l'élément étalon une pile de force électromotrice quelconque (pourvu qu'elle soit inférieure à 4 volts). Quand on aura trouvé la position du curseur qui annule le courant dans le galvanomètre, on n'aura qu'à lire sur l'échelle la division correspondante pour avoir immédiatement la valeur de la force électromotrice cherchée. Si, par exemple, cette division correspond au chiffre 1902, la différence de potentiel sera de $1^{volt},902$.

On prendra soin de mettre en série dans le circuit du galvanomètre une grande résistance pour éviter que l'étalon puisse être traversé par un courant trop fort. La valeur de l'étalon ne peut, en effet, être considérée comme constante qu'à la condition de ne lui demander aucun débit. Si l'on a à faire plusieurs déterminations, on prendra la précaution de régler l'appareil un certain nombre de fois pendant la durée des expériences. Pour faire de bonnes lectures, il faut placer le potentiomètre, la batterie et le galvanomètre sur des feuilles d'ébonite ou de papier paraffiné.

On déterminera ainsi la variation de la force électromotrice d'un élément au bichromate en faisant des mesures toutes les cinq minutes, pendant une heure ou deux. On pourra également comparer entre eux divers types de piles.

La précision des mesures dépend de l'uniformité de la section du fil : on vérifiera cette condition en cherchant si des longueurs égales correspondent à d'égales chutes de potentiel, lorsque le fil est traversé par un courant rigoureusement constant.

DÉTERMINATION D'UNE CHUTE DE POTENTIEL PAR LE POTENTIOMÈTRE.

| OBSERVATION N°. | TEMPÉRATURE ambiante. | FORCE électromotrice de l'étalon Clark. | DIVISION correspondant à l'étalon. | DIVISION correspondant à la force électromotrice cherchée. | VALEUR de la force électromotrice cherchée. | TEMPS. | REMARQUES. |
|---|---|---|---|---|---|---|---|
| | | | | | | | |

# MESURE D'UN COURANT PAR LE POTENTIOMÈTRE.

*Appareils nécessaires :*
1° *Un potentiomètre muni de tous les accessoires décrits page* 34;
2° *Une série d'étalons de résistance correspondant à* $1^{ohm}$, $0^{ohm},1$ *et* $0^{ohm},01$. *Ces résistances devront être, de préférence, en manganine pour éviter les corrections qu'exigeraient les variations de température.*

Nous avons vu précédemment (p. 34) comment le potentiomètre permet de déterminer une différence de potentiel en la comparant à un étalon Clark.

Lorsqu'un courant continu passe au travers d'une résistance (qu'on suppose choisie de section telle que l'échauffement soit faible), il se produit une chute de potentiel qui peut, dans certaines conditions, être mesurée par l'emploi du potentiomètre. Il faut évidemment pour cela que cette chute de potentiel soit moindre que la chute maxima que permet de mesurer le potentiomètre; c'est-à-dire inférieure à 3 ou 4 volts, si l'on emploie une batterie de deux ou trois éléments d'accumulateurs. Pour un courant de 70 ampères, par exemple, il se produit à travers une résistance de $0^{ohm},01$ une chute de potentiel de $0^{volt},7$, déterminée par la formule générale

Chute (en volts) $=$ Résistance (en ohms) $\times$ Courant (en ampères).

Nous pouvons mesurer au potentiomètre la différence de

$0^{volt}, 7$. Il suffira de diviser la valeur obtenue par la valeur de la résistance pour avoir la valeur du courant.

L'approximation avec laquelle peut être déterminé le courant dépend de l'exactitude de l'évaluation de la résistance. On devra disposer ces résistances auxiliaires de telle façon que l'échauffement produit par le passage du courant maximum pour lequel elles sont construites ne fasse pas varier sensiblement leurs valeurs. Pour la résistance de $0^{ohm}, 1$, par exemple, on pourra prendre dix fils de platinoïde, d'environ $1^{mm}, 5$ de diamètre et de longueur telle qu'ils aient chacun 1 ohm de résistance. Ces dix fils auront leurs extrémités soudées à deux larges plaques de cuivre. Ainsi constituée, cette résistance pourra supporter sans échauffement sensible un courant de 10 ampères. Supposons qu'on fasse traverser cette résistance par un courant d'environ 10 ampères. Nous déterminerons la chute de potentiel correspondante en reliant les blocs de cuivre terminaux au potentiomètre. Nous n'aurons ensuite qu'à multiplier par 10 la perte en volts pour avoir le courant en ampères. En faisant les connexions avec le potentiomètre, il faut remarquer qu'il n'est pas indifférent d'intervertir les fils de connexion. Soit $a$ (*fig.* 6) l'extrémité du fil du potentiomètre correspondant au pôle positif de la batterie. Le pôle positif de

Fig. 6.

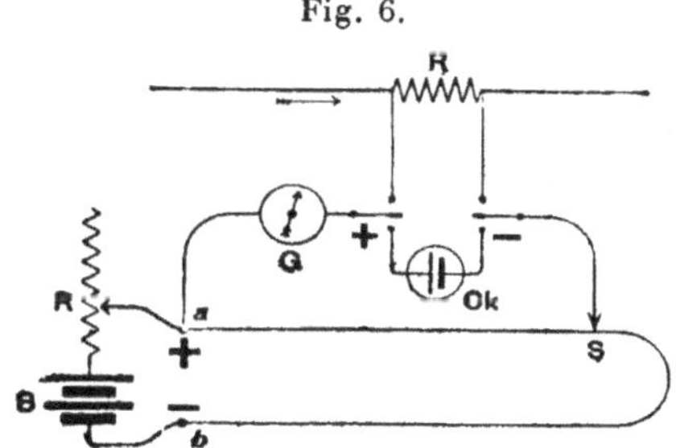

l'étalon ainsi que l'extrémité de la résistance correspondante à l'entrée du courant devront être reliés, à travers le galvanomètre, à cette même extrémité $a$.

On peut se servir de cette méthode pour étalonner un ampèremètre, une balance de Thomson ou un galvanomètre. L'appareil à étalonner sera mis en série avec une résistance appropriée (telle que pour le courant maximum la perte soi t inférieure à 2 volts). On sera généralement conduit à employer plusieurs résistances successives pour un même étalonnage. On mesurera la différence de potentiel aux extrémités de la résistance en la connectant convenablement au potentiomètre; le potentiomètre sera d'ailleurs disposé comme nous l'avons indiqué précédemment (p. 34) pour donner des lectures directes. On fera varier l'intensité du courant et l'on fera prendre par deux observateurs des lectures simultanées sur l'échelle du potentiomètre et sur celle de l'appareil à étalonner. On établira ainsi comparativement l'étalonnage.

Le courant utilisé doit être aussi constant que possible. On n'obtient pas de bons résultats avec le courant d'une dynamo et il faut avoir recours à une batterie d'accumulateurs à large surface. Les résultats d'étalonnage seront consignés dans le Tableau suivant. On tracera la courbe des erreurs (positives ou négatives) pour toute l'échelle.

MESURE D'UN COURANT PAR LE POTENTIOMÈTRE.

| OBSER- VATION N° . | TEMPÉRA- TURE ° C. | LECTURE corres- pondant à l'étalon Clark. | CHUTE de potentiel au travers de la résis- tance. | RÉSIS- TANCE étalon. | VALEUR du courant en ampères. | LECTURE de l'ampère- mètre. | ERREUR de gradua- tion. |
|---|---|---|---|---|---|---|---|
| | | | | | | | |

## ÉTUDE COMPLÈTE D'UNE BATTERIE PRIMAIRE.

*Appareils nécessaires :*
1° *Un potentiomètre ;*
2° *Un galvanomètre sensible à bobine mobile ;*
3° *Un étalon Clark ;*
4° *Une batterie secondaire pour le potentiomètre ;*
5° *Une série de résistances de* $10^{\text{ohms}}$, $1^{\text{ohm}}$, $0^{\text{ohm}},1$ *en manganine ou en platinoïde.*

*La disposition est la même que pour la mesure d'une différence de potentiel ou d'un courant.*

Le potentiomètre est, de beaucoup, l'appareil le plus convenable pour l'étude d'une pile primaire ou d'un accumulateur. Les essais seront conduits de la façon suivante :

On pèsera tout d'abord la plaque de zinc ou l'électrode

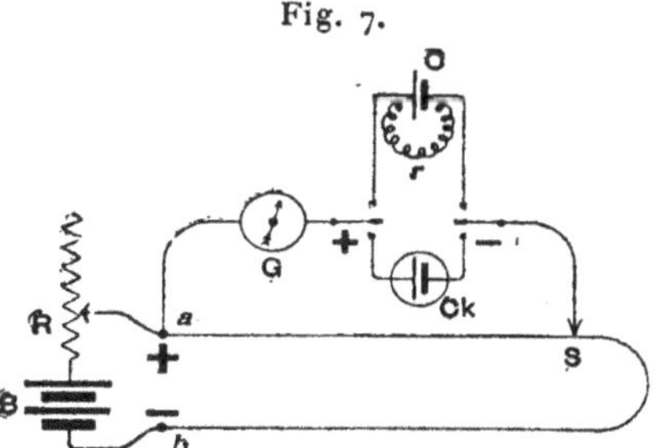

Fig. 7.

active ; si le zinc a été récemment amalgamé, on prendra soin d'enlever l'excès de mercure en le frottant avec des déchets propres de laine ou de coton. On notera soigneusement le poids (en grammes). On montera ensuite la pile et on la fera débiter à travers une résistance $r$ (*fig.* 7) de 1 ohm ou 2 ohms. Comme précédemment (p. 38), on reliera les extrémités de la résistance au potentiomètre. La différence de potentiel en circuit fermé sera alors déterminée comparativement à l'étalon Clark. On retirera la résistance $r$ et l'on mesurera la différence de potentiel en circuit ouvert. Soient V la différence de potentiel en circuit ouvert et $v$ la différence en circuit fermé sur une résistance de R ohms, V sera toujours supérieur à $v$. Soit $r$ la résistance intérieure de la pile. Nous avons

$$\frac{v}{R} = \frac{V}{R + r},$$

d'où

$$r = \frac{(V - v)\,R}{v}.$$

Cette équation donne la valeur de la résistance de la pile au moment considéré.

Les mesures devront être répétées à intervalles de temps soigneusement notés pendant plusieurs heures, jusqu'à ce que la pile soit épuisée. Le zinc devra être, de temps en temps, retiré, lavé à l'eau, séché et pesé. Les résultats seront résumés en une série de courbes, établies comme suit :

Porter le temps en abscisses, sur une ligne horizontale divisée en heures et minutes ;

Porter en ordonnées :

1° La différence de potentiel V en circuit ouvert ;

2° Le courant ;

3° La résistance intérieure calculée par l'équation ci-dessus.

En intégrant la surface limitée par la courbe du courant on obtiendra le nombre total d'ampèreheures utilisables. Si le zinc a été pesé toutes les heures, on pourra comparer pour chaque intervalle le nombre d'ampèreheures fournis et le poids de zinc utilisé.

Connaissant l'équivalent théorique de la consommation de zinc, qui est de $1^{gr},213$ par ampèreheure (équivalent électrochimique), nous pouvons trouver le rapport des ampèreheures théoriques aux ampèreheures réels pour chaque heure.

Ce rapport déterminera l'efficacité de la batterie au temps considéré. On constatera que cette quantité diminue à mesure que le temps de fonctionnement augmente.

On prendra divers types de piles et l'on en fera l'essai comparatif complet en construisant les courbes, montrant les variations en fonctions du temps, de la force électromotrice du courant, de la résistance intérieure et de l'efficacité.

ESSAI D'UNE PILE PRIMAIRE AU POTENTIOMÈTRE.

Température de l'étalon........ =   °C.
Force électromotrice de l'étalon =
Résistance extérieure du circuit =

| OBSERVATION N° | TEMPS. | FORCE électromotrice en circuit ouvert V. | FORCE électromotrice en circuit fermé v. | RÉSISTANCE intérieure $r = \dfrac{V - v}{v} R$ | POIDS du zinc ou de l'électrode active. | EFFICACITÉ. |
|---|---|---|---|---|---|---|
|  |  |  |  |  |  |  |

# ÉTALONNAGE D'UN VOLTMÈTRE
# PAR LE POTENTIOMÈTRE.

*Appareils nécessaires :*
*1° Un potentiomètre avec étalon Clark, galvanomètre et batterie comme précédemment* (p. 34) *;*
*2° Une résistance graduée, capable de supporter sans échauffement sensible la différence de potentiel maxima à mesurer.*

Lorsqu'une résistance constituée par un fil homogène long et fin est reliée à deux points entre lesquels est maintenue une différence de potentiel fixe, la chute de tension qui se produit à travers cette résistance se répartit uniformément sur toute sa longueur. La perte en volts dans une section déterminée est, à la perte totale, dans le rapport de la résistance de cette section à la résistance totale. Pour assurer cette répartition uniforme, il faut disposer la résistance de façon que l'échauffement dû au passage d'un courant soit le même pour toutes ses parties. Pour les essais potentiométriques des hauts voltages, il faut avoir une résistance fractionnée, de façon à pouvoir évaluer le $\frac{1}{100}$ ou le $\frac{1}{10}$ de la perte totale. Une résistance ainsi fractionnée en $\frac{1}{100}$, $\frac{1}{50}$, $\frac{1}{20}$, $\frac{1}{10}$ est appelée *boîte à volts*. La boîte à volts permet de comparer, à l'aide du potentiomètre, des voltages élevés (100 ou 200) à l'étalon Clark. Pour étalonner un voltmètre avec le potentiomètre on procédera de la manière suivante :
Supposons que son échelle soit graduée de 40 à 100 volts ;

il s'agit de vérifier ses indications à l'aide de l'étalon Clark. On prendra une résistance divisée au $\frac{1}{100}$, qu'on branchera aux bornes du voltmètre. On branchera également aux mêmes points une lampe à incandescence ou toute autre résistance capable de supporter la tension de 100 volts. On ajoutera, en série, un rhéostat capable d'amener la tension aux bornes de la lampe de 100 à 40 volts. On connectera l'une des sections de la résistance divisée au potentiomètre en observant les remarques faites précédemment (p. 37). Supposons que lorsque le rhéostat est en court circuit, la différence de potentiel aux bornes de la lampe soit de 100 volts, on aura également 100 volts aux bornes du voltmètre et aux extrémités de la résistance divisée. Une section correspondra donc à 1 volt et cette différence de potentiel pourra être très exactement comparée à l'étalon Clark. La différence de potentiel aux bornes du voltmètre sera 100 fois plus grande que celle que nous aurons ainsi mesurée. En faisant varier la résistance du rhéostat, on obtiendra aux bornes du voltmètre différents voltages qu'on pourra facilement évaluer en les comparant à l'étalon Clark.

ÉTALONNAGE DU VOLTMÈTRE PAR LE POTENTIOMÈTRE.

Résistance divisée au $\dfrac{1}{e}$.

| OBSERVATION Nº | TEMPÉRATURE de l'étalon Clark. | FORCE électromotrice de l'étalon. | LECTURE correspondant à l'étalon. | LECTURE correspondant à une division de la résistance. | FORCE électromotrice calculée. | FORCE électromotrice observée. | ERREURS du voltmètre. |
|---|---|---|---|---|---|---|---|
| | | | | | | | |

Supposons que le potentiomètre soit monté comme pour la mesure d'une différence de potentiel, que l'échelle comporte 2000 divisions et que la différence de potentiel aux extrémités du fil soit exactement de 2 volts. Si l'équilibre est obtenu lorsque le curseur se trouve à la division 991, la différence de potentiel correspondante sera de 0,991 pour une section et de 99,1 pour la résistance totale. C'est également la valeur de la différence de potentiel aux bornes du voltmètre. Si le voltmètre indique une valeur autre, par exemple 102,5, l'erreur sera de $+3,4$ : la lecture sera trop élevée de 3,4. On vérifiera de la même manière toute la graduation et l'on construira une courbe des erreurs, en portant en abscisses les divisions de la graduation et en ordonnées les erreurs positives ou négatives; on prendra pour les ordonnées une échelle plus grande que pour les abscisses.

# ESSAI PHOTOMÉTRIQUE D'UNE LAMPE
# A INCANDESCENCE.

*Appareils nécessaires :*
*1° Un banc photométrique sur lequel on fixe un étalon de lumière, un photomètre et la lampe à examiner ;*
*2° Un voltmètre et un ampèremètre qui indiqueront le régime de fonctionnement.*
*Le courant doit être fourni par une batterie d'accumulateurs : une dynamo donnerait des résultats incertains. Il faut, en outre, pouvoir faire varier le régime et prendre soin d'étalonner préalablement le voltmètre et l'ampèremètre.*

Une lampe à incandescence peut être, jusqu'à certaine limite, soumise à différents régimes ; à un voltage aux bornes déterminé correspondent une intensité lumineuse et une intensité de courant déterminée.

Si l'on relève : 1° le voltage aux bornes V ; 2° le courant A ; 3° l'intensité lumineuse I dans une direction déterminée, on peut en déduire :

(*a*) La résistance à chaud, égale au quotient de V par A ;

(*b*) L'énergie absorbée par la lampe W, égale égale au produit de V par A ;

(*c*) La consommation spécifique $w$ en watts égale à $\dfrac{W}{I}$.

Le montage s'effectuera de la façon suivante : on fixera à la douille de la lampe deux longs cordons souples doubles. Pour éviter les confusions, il sera bon de les choisir de différentes couleurs : par exemple, deux rouges et deux noirs. Deux de ces conducteurs seront connectés à un voltmètre soigneusement étalonné, les deux autres aboutiront au circuit d'alimentation ; ce circuit comprendra un ampèremètre et un rhéostat. On montera la lampe sur sa douille, puis on ajustera le rhéostat, en prenant soin de ne pas dépasser le courant maximum que peut supporter la lampe. On observera le voltage correspondant.

La douille doit pouvoir se déplacer le long du banc, devant une échelle convenable. A l'une des extrémités on disposera l'étalon de lumière. La bougie décimale étalon n'est pas très commode à employer. On utilise quelquefois un brûleur à gaz avec le dispositif dit *fente de Methven,* fournissant une intensité lumineuse de 2 bougies, mais on ne peut obtenir ainsi que des résultats très peu précis, par suite des différentes causes d'erreurs ( variation de pression du gaz, variation de la pression atmosphérique, état de pureté de l'atmosphère, etc.) qui interviennent. Le meilleur procédé consiste à adopter une lampe à incandescence étalon, munie d'une ampoule de grandes dimensions. Une telle lampe reste assez longtemps comparable à elle-même. On prendra soin d'étalonner d'abord avec cette lampe d'autres lampes semblables qui serviront d'étalons de réserve. On déterminera pour ces étalons secondaires le nombre de bougies qu'ils fournissent dans une direction déterminée pour un nombre d'ampères connu. On amènera l'étalon ( à l'aide d'un ampèremètre et d'un rhéostat) à son régime et on lui comparera la lampe à étalonner.

Le photomètre utilisé peut être soit du type à tache d'huile, soit du modèle Richtie, soit tout autre appareil plus perfectionné. Il faut une certaine habitude pour arriver à déterminer rapidement les positions des sources lumineuses correspondant aux mêmes éclairements : la difficulté est d'autant plus grande, que l'état d'incandescence des deux foyers est plus différent.

On notera, au même instant, l'intensité lumineuse, les volts et les ampères. On consignera les résultats dans le Tableau suivant. On fera ensuite varier l'intensité du courant (et, par suite, l'intensité lumineuse de la lampe) et l'on fera de nouvelles déterminations pour les divers régimes. On en déduira les valeurs de **R**, **W** et $w$.

ESSAI PHOTOMÉTRIQUE D'UNE LAMPE A INCANDESCENCE.

| OBSERVATION N°. | AMPÈRES A. | VOLTS V. | INTENSITÉ moyenne I. | WATTS $V = AV$. | RÉSISTANCE à chaud $\dfrac{V}{A}$. | CONSOMMATION spécifique $w = \dfrac{AV}{I}$. | SPÉCIFICATION de la lampe. |
|---|---|---|---|---|---|---|---|
|  |  |  |  |  |  |  |  |

Les déterminations seront faites dans les directions suivantes :

1° Parallèlement au plan du filament ;
2° Dans un plan perpendiculaire au précédent ;
3° A 45°.

On en déduira la valeur moyenne.

On tracera ensuite les courbes suivantes :

On portera en ordonnées des longueurs représentant, à une échelle convenable l'intensité, moyenne, en prenant pour abscisses la série des valeurs correspondant aux courants, aux volts et à la consommation spécifique. On dessinera également une cinquième courbe donnant la résistance à chaud en fonction des volts. On tracera enfin deux courbes ayant pour ordonnées et pour abscisses les logarithmes des ampères et des intensités et les logarithmes des volts et des intensités. Ces deux derniers diagrammes donneront des courbes qu'on peut confondre avec des lignes droites. L'intensité I peut, en effet, s'exprimer en fonction des ampères A ou des volts V, par les formules

$$I = PA^Q,$$
$$I = P'V^{Q'},$$

P, P', Q, Q' étant des constantes.

On en tire

$$\log I = \log P + Q \log A,$$
$$\log I = \log P' + Q' \log V.$$

$Q$ et $Q'$ sont donc les coefficients angulaires et $P$ et $P'$ les antilogarithmes des ordonnées à l'origine des droites considérées. On peut obtenir ainsi les équations donnant l'intensité lumineuse en fonction des volts ou des ampères. On comparera les résultats d'expériences avec les valeurs fournies par ces formules.

# DÉTERMINATION DU POUVOIR ABSORBANT
# D'UN ÉCRAN DÉPOLI.

*Appareils nécessaires :*
*1° Un banc photométrique muni de son photomètre et d'une lampe étalon ;*
*2° Un ampèremètre ;*
*3° Un voltmètre.*

On emploie souvent, pour diffuser la lumière des lampes à arc ou à incandescence, des globes ou écrans translucides. On obtient ainsi une surface éclairante plus étendue et fatiguant moins la vue. Toutefois, ces écrans absorbent une assez grande quantité de lumière.

Pour déterminer ce pourcentage de lumière absorbée dans chaque cas particulier, on montera une lampe à incandescence sur le banc et l'on déterminera sa puissance lumineuse, suivant son axe et suivant trois directions horizontales (plan du filament, plan perpendiculaire, plan à 45°). On notera l'ampérage et le voltage. On placera ensuite sur la lampe l'écran à étudier et l'on déterminera à nouveau la puissance lumineuse dans les mêmes conditions de régime. Par différentiations des intensités obtenues dans une direction déterminée on obtiendra la quantité de lumière absorbée par l'écran ; on pourra également l'exprimer par un pourcentage de l'intensité émise dans cette direction. On fera des déterminations analogues avec différents écrans, en verre dépoli, en papier, toile à calquer, etc., et l'on consignera les résultats dans le Tableau suivant.

DÉTERMINATION DU POUVOIR ABSORBANT D'UN ÉCRAN TRANSPARENT.

| OBSER-VATION Nº | DISTANCE de l'étalon au photo-mètre. | INTENSITÉ lumi-neuse de l'étalon. | DISTANCE de la lampe au photo-mètre. | INTENSITÉ lumi-neuse de la lampe nue. | INTENSITÉ de la lampe munie de l'écran. | NATURE de l'écran. | POURCEN-TAGE d'absorp-tion. |
|---|---|---|---|---|---|---|---|
|  |  |  |  |  |  |  |  |

**REMARQUES PARTICULIÈRES SUR L'USAGE DU PHOTOMÈTRE.** — L'œil est dans de mauvaises conditions pour évaluer de petites différences d'éclairement quand il vient d'être frappé par une lumière trop vive. Il faut donc, pour faire de bonnes mesures, que l'œil soit bien reposé. La chambre photométrique doit être vaste et bien aérée, les murs peints en noir mat; on n'y doit employer d'autres sources de lumière que celles en expérience. On devra séjourner quelques instants dans cette chambre avant de faire les expériences. Chaque détermination comportant une erreur personnelle, les expériences devront être répétées par différents observateurs; chaque série de résultats devra porter le nom de l'observateur. Il est indispensable, lorsqu'on emploie des étalons combustibles, d'avoir un cube d'air et une ventilation suffisants pour assurer l'oxygène nécessaire. Quand on aura obtenu une position voisine de celle qui correspond à l'égalité des éclairements, on procédera par déplacements positifs et négatifs décroissants pour arriver à l'égalité rigoureuse. On a reconnu que cette façon de procéder aide l'œil à reconnaître des différences d'éclairement lorsque les couleurs des deux lumières ne sont pas les mêmes. On s'exercera à comparer les éclairements de deux lampes, portées à des degrés d'incandescence différents, pour arriver à surmonter les difficultés que présente la comparaison de lumières de couleurs différentes.

# DÉTERMINATION DU POUVOIR RÉFLÉCHISSANT D'UNE SURFACE.

*Appareil nécessaire :*

*Un banc photométrique équipé comme précédemment* (p. 46). *Le photomètre (qui peut être d'un modèle quelconque) doit être placé à l'intérieur d'une boîte percée de deux ouvertures circulaires sur deux de ses faces opposées, et disposée de telle façon que les rayons lumineux émis par la lampe ne puissent pénétrer que dans la direction du banc.*

*Les murs de la chambre photométrique doivent être peints en noir mat ou tendus de velours noir.*

Lorsque des rayons lumineux émanés d'une source quelconque frappent une surface polie, ils sont en partie réfléchis, suivant une loi connue. Le pourcentage relatif à l'intensité de la lumière réfléchie par rapport à la lumière incidente est appelé *coefficient de réflexion*. Une partie de la quantité de lumière incidente est réfléchie irrégulièrement ou dispersée. Le coefficient de réflexion est variable avec l'incidence.

Pour déterminer le coefficient de réflexion d'un miroir plan sous des angles d'incidence variables, on adopte le procédé suivant : on place une lampe à incandescence étalon sur le banc photométrique et l'on maintient constant son régime, en agissant sur un rhéostat intercalé dans son circuit. On dispose de l'autre côté du photomètre une seconde lampe dont on maintient également le régime fixe. Le rhéostat le plus pratique à cet effet est le rhéostat à charbon à compression variable; en serrant plus ou moins les plaques les unes contre les autres, on peut ajuster la résistance avec une très grande exactitude. La seconde lampe est d'abord photométrée directement dans une direction déterminée, par exemple dans la direction parallèle au plan du filament. On place ensuite un miroir (de $10^{cm} \times 12^{cm}$ environ) et l'on dispose la lampe et le miroir de façon que seuls les rayons réfléchis sous un angle déterminé puissent pénétrer dans la boîte du photomètre. Après avoir obtenu l'égalité des éclairements, on mesure la distance de la lampe au photomètre.

L'intensité lumineuse de la lampe est, à celle de l'étalon, dans le rapport inverse du carré des distances. Le coefficient de réflexion du miroir pour l'angle considéré s'obtient en prenant le rapport de l'intensité, après réflexion à l'intensité mesurée directement. Par exemple, si la lampe de comparaison donne directement 16 bougies et si l'intensité du faisceau réfléchi n'est que 14 bougies pour une incidence de $45°$, le coefficient de réflexion sera $\frac{14}{16}$ ou $\frac{87}{100}$. On déterminera ainsi les coefficients de différentes surfaces pour diverses incidences On devra veiller avec le plus grand soin à ce qu'aucun rayon parasite ne pénètre dans la boîte photométrique; on disposera à cet effet des écrans de velours noir convenablement placés. Les mesures seront faites avec des miroirs de verre argenté ou des plaques de métal poli, et les résultats consignés au Tableau suivant.

POUVOIR RÉFLÉCHISSANT DE DIFFÉRENTES SURFACES.

| OBSERVATION N° | INTENSITÉ de l'étalon I. | DISTANCE de l'étalon au photomètre $d_1$. | DISTANCE de la lampe au photomètre $d_2$. | INTENSITÉ de la lampe $I_1 = I\left(\frac{d_2}{d_1}\right)^2$ | INTENSITÉ du faisceau réfléchi $I_2$. | ANGLE de réflexion $\theta$. | COEFFICIENT de réflexion. |
|---|---|---|---|---|---|---|---|
| | | | | | | | |

# DÉTERMINATION DU RENDEMENT D'UN ÉLECTROMOTEUR PAR LA MÉTHODE DU BERCEAU ÉQUILIBRÉ.

*Appareils nécessaires :*
1° *Un ampèremètre, un voltmètre et un rhéostat;*
2° *Un tachymètre.*

Le rendement d'un appareil transformateur quelconque est le rapport (généralement exprimé en pourcentage) entre l'énergie restituée par l'appareil et l'énergie qui lui a été fournie. Dans le cas d'un moteur à courant continu, si A est le nombre d'ampères et V le voltage, l'énergie fournie est en watts égale au produit AV. Le moteur restitue d'autre part en énergie mécanique une partie de l'énergie qui lui est fournie sous forme électrique. L'évaluation de l'énergie ainsi restituée nous conduit à quelques considérations préliminaires :

On sait que pour déplacer un corps reposant sur une surface plane il faut exercer un certain effort pour vaincre la résistance de frottement. Si nous désignons par F la force moyenne correspondant à un déplacement D, le travail développé sera FD.

Considérons une courroie faisant un demi-tour sur une poulie et ayant ses brins parallèles et uniformément tendus; si, sans toucher à la courroie, nous forçons la poulie à tourner, nous ferons varier la tension des brins : soient alors $T_1$ et $T_2$ ces deux tensions et R le rayon de la poulie. Pour un tour complet, le travail développé correspond à un déplacement de $2\pi R$ contre une résistance au frottement égale à $T_1 - T_2$;

il est donc égal à $2\pi R(T_1 - T_2)$. Si la poulie fait N tours à la minute, le travail absorbé par seconde sera

$$\frac{2\pi RN(T_1 - T_2)}{60},$$

Le facteur $\frac{2\pi N}{60}$ s'appelle la *vitesse angulaire*, nous le désignerons par $\omega$. Le facteur $R(T_1 - T_2)$ représente le couple, nous le désignerons par $f$. Le travail $w$ par seconde prend alors la forme

$$w = f\omega.$$

Supposons qu'un moteur à courant continu absorbe un nombre d'ampères A sous une différence de potentiel de V volts. L'énergie fournie W est égale à AV watts. Mesurons, d'autre part, la vitesse $\omega$ et le couple $f$ correspondants ; le travail mécanique fourni sera, comme nous le savons, $w = \omega f$. Le rendement sera dès lors déterminé par la formule

$$e = \frac{\omega f}{AV} = \frac{w}{W}.$$

On peut employer pour déterminer le couple $f$ la méthode *du berceau* de Brackett. Le moteur est fixé sur un petit berceau de bois, reposant sur deux arêtes de couteaux, de telle façon que le prolongement de son axe se trouve sur la ligne de ces arêtes. Au berceau est fixé un long levier. On dispose des contrepoids de telle façon que le centre de gravité du système se trouve sur la ligne des arêtes : le berceau est alors équilibré. On fait reposer ses arêtes sur deux plans d'acier et l'on freine la poulie à l'aide d'une corde. L'armature du moteur en réagissant sur le champ tend à le déplacer et à entraîner avec lui tout le système mobile en sens inverse de son mouvement propre. On ramène le système à sa position initiale en plaçant un poids sur le levier. Soit P le poids qui rétablit l'équilibre lorsqu'on le place à une distance $a$ de l'axe, comptée horizontalement ; le couple cherché sera $Pa$. On le mesurera en grammes-centimètres, puis on notera soigneusement au même instant la vitesse, l'ampérage A, le voltage V.

On répétera l'expérience pour diverses vitesses et diverses charges.

Nota. — 1 cheval correspond à 736 watts par seconde ou $75 \times 10^5$ grammes-centimètres.

Pour réduire le travail mécanique en watts, il faudra donc, avec les unités adoptées, multiplier par

$$\frac{736}{75 \times 10^5}.$$

ESSAI DE RENDEMENT D'UN MOTEUR PAR LA MÉTHODE DU BERCEAU.

| OBSER-VATION N° | VITESSE N. | COURANT A. | VOLTAGE V. | POIDS d'équilibre en grammes. | LON-GUEUR du levier en centimètres. | ÉNERGIE fournie en watts W. | ÉNERGIE restituée en watts $w$. | RENDE-MENT $e$. |
|---|---|---|---|---|---|---|---|---|
|  |  |  |  |  |  |  |  |  |

# DÉTERMINATION DU RENDEMENT D'UN MOTEUR, MÉTHODE DU FREIN ([1]).

*Appareils nécessaires :*
1° *Un ampèremètre et un voltmètre ;*
2° *Un compte-tours ;*
3° *Un rhéostat ;*
4° *Un frein à corde.*

On a défini précédemment (p. 54) ce qu'on entend par rendement d'un moteur. Lorsqu'il s'agit d'un moteur d'une certaine puissance, la méthode du berceau devient inapplicable et l'on doit avoir recours à la méthode du frein. Le moteur à essayer doit être muni d'une poulie qui, dans le cas d'un moteur de 1 ou $\frac{1}{2}$ cheval, doit avoir environ $20^{cm}$ de diamètre. On emploiera deux cordes d'environ $15^{mm}$ de diamètre et $1^m$ de long. Elles seront enroulées parallèlement sur la circonférence de la poulie et au besoin maintenues en place par des taquets latéraux.

L'un des brins portera un poids et l'autre sera relié à un dynamomètre fixé au sol. Au repos, la déviation du dynamomètre correspond à peu près au poids. En marche, la tension du premier brin est égale au poids qu'il supporte : désignons-la par W. La tension du deuxième brin est indiquée par le dynamomètre, soit W′. La différence de tension des deux brins est donc (W′ — W). Pour un courant A sous V volts l'énergie électrique fournie par seconde est AV.

Si R désigne le rayon de la poulie et $t$ l'épaisseur de la corde,

---

le couple résistant est égal à

$$\left(R + \frac{t}{2}\right)(W' - W) = f,$$

et l'énergie par seconde en watts :

$$\frac{736}{75 \times 10^5} \times 2\pi \times \frac{N}{60}\left(R + \frac{t}{2}\right)(W' - W) = p.$$

N, nombre de révolutions par minute ;
R et $t$ seront exprimés en centimètres ;
W, W' en grammes.

Le rapport $\frac{p}{P}$ donnera le rendement. Le concours de plusieurs opérateurs est nécessaire : l'un note la vitesse, un autre relève les ampères et les volts, enfin un troisième surveille le frein et fait les lectures au dynamomètre.

On fera varier la charge en faisant varier le poids.

On fera des essais à vitesse constante de pleine charge à charge nulle. On consignera les résultats dans le Tableau suivant et l'on construira la courbe du rendement en portant en abscisses les valeurs de l'énergie fournie par le moteur et en ordonnées les valeurs de $e$.

On pourra tracer différentes courbes correspondant à des vitesses diverses. On exprimera le rendement en pourcentage. Dans le cas d'un moteur shunt, l'énergie fournie au moteur sert en partie à la production du champ magnétique. On déterminera facilement la fraction ainsi utilisée en prenant le voltage et l'ampérage du circuit d'excitation.

DÉTERMINATION DU RENDEMENT D'UN MOTEUR. — MÉTHODE DU FREIN.

| OBSER-VATION N°. | TOURS par minute N. | COURANT A. | VOLTAGE V. | POIDS W. | INDI-CATIONS du dynamomètre W'. | RENDEMENT e. | FRACTION de la pleine charge. |
|---|---|---|---|---|---|---|---|
| | | | | | | | |

# ESSAI DE RENDEMENT GLOBAL D'UN TRANSFORMATEUR TOURNANT.

*Un transformateur tournant comporte un ensemble de deux dynamos dont les arbres sont accouplés.*

*L'une des machines est généralement à courant continu ; l'autre peut être indifféremment à courant continu ou alternatif. Il est nécessaire d'avoir, outre des voltmètres et ampèremètres, une résistance de capacité suffisante pour pouvoir absorber toute l'énergie fournie par la génératrice.*

Lorsqu'on transforme de l'énergie électrique à l'aide d'un moteur ou d'une lampe, le courant qui traverse l'appareil subit une chute de tension V dont le produit par le courant A exprime l'énergie électrique fournie W. On a donc

$$A\,V = W.$$

Lorsqu'il s'agit d'un moteur, cette énergie est employée de différentes manières. Une partie sert à produire le champ magnétique. Soient $a$ la valeur en ampères du courant utilisé à cet effet et $v$ la différence de potentiel correspondante, l'énergie absorbée par l'excitation sera $av$. Une autre fraction est transformée en chaleur dans l'induit. Si $a_1$ est le courant de l'induit et $r$ sa résistance à la température de fonctionnement, l'énergie perdue par l'échauffement est $a_1^2 r$ ; une troisième fraction est absorbée par la production des courants parasites : nous l'appellerons $d$ ; une quatrième fraction est employée à vaincre les résistances mécaniques, frottements des coussinets, etc. : nous l'appellerons $f$; enfin une dernière partie est transformée en énergie mécanique. Soient T le couple et $\omega$ la vitesse angulaire; le travail fourni sera $\omega$T et nous aurons

$$W = AV = av + a_1^2 r + d + f + \omega T.$$

Le rendement du moteur est le rapport de l'énergie mécanique utilisable, c'est-à-dire $\omega$T, à l'énergie électrique totale fournie, c'est-à-dire AV. Si nous le désignons par E, nous aurons

$$E = \frac{\omega T}{AV}.$$

Supposons que le moteur soit utilisé à actionner un générateur à courant continu ou alternatif; l'énergie fournie à l'arbre de la génératrice est égale à l'énergie développée sur l'arbre du moteur, et cette génératrice retransforme à nouveau l'énergie mécanique en énergie électrique. Soit $A_1$ le courant fourni par la deuxième machine connectée, par exemple, à un rhéostat d'absorption; soit $V_1$ la différence de potentiel correspondante; l'énergie fournie est $A_1 V_1 = W_1$, et l'énergie dépensée dans le moteur $AV = W$.

Le rendement global sera donc

$$e = \frac{A_1 V_1}{AV} = \frac{W_1}{W}.$$

On fera une série de mesures pour différentes charges et on consignera les résultats dans le Tableau suivant. On tracera une courbe en prenant pour abscisses la puissance fournie par le transformateur et pour ordonnées les valeurs correspondantes du rendement.

Noter que, comme la charge de la machine est variable, il peut être nécessaire de varier le champ d'excitation du moteur pour maintenir la vitesse constante. Le moteur devra donc être excité en dérivation. On s'assurera que la vitesse est constante en munissant l'arbre d'un tachymètre. Les arbres doivent être accouplés directement; l'accouplement par courroies introduirait des erreurs dues aux glissements. Si les deux machines ont des poulies de diamètres égaux, on les accouplera très facilement de la manière suivante : on rapprochera les deux machines de façon à mettre les extrémités des arbres, côté poulies, bout à bout ; on percera sur chaque poulie quatre ou six petits trous ; on fixera à l'aide de vis et d'écrous une bande de cuir assez longue pour faire un tour complet sur les poulies et assez large pour les recouvrir chacune jusqu'au milieu. On réalisera ainsi très simplement un accouplement flexible.

RENDEMENT GLOBAL D'UN TRANSFORMATEUR TOURNANT.

| OBSERVATION N° | COURANT du moteur A. | VOLTAGE du moteur V. | COURANT du générateur $A_1$. | VOLTAGE du générateur $V_1$. | RENDEMENT global $e$. | VITESSE N. |
|---|---|---|---|---|---|---|
| | | | | | | |

# ESSAI D'UNE INSTALLATION COMPRENANT UNE DYNAMO ACTIONNÉE PAR UN MOTEUR A GAZ.

*Le moteur doit être muni d'un compteur de vitesse, d'un compteur à gaz et d'un appareil indiquant le nombre d'explosions à la minute ; il convient également de mesurer la quantité d'eau exigée par le refroidissement du cylindre et sa température à l'entrée et à la sortie. On fera débiter la dynamo dans un rhéostat constitué par des résistances de fer ou mieux par une bande de platinoïde immergée dans l'eau.*

Dans l'essai d'une machine quelconque, électrique ou mécanique, on recherche l'évaluation des formes diverses sous lesquelles l'énergie fournie est transformée. Faire un essai revient pour ainsi dire à établir une balance entre la quantité d'énergie fournie et les quantités absorbées dans les diverses transformations.

Nous supposerons qu'il s'agit d'un moteur à quatre temps et d'une dynamo en dérivation ; c'est le cas général des installations pourvues d'accumulateurs. Les expérimentateurs devront être assez nombreux pour pouvoir relever en même temps :

1° Le volume de gaz employé, soit G (Si le compteur du moteur dessert également un circuit d'éclairage, l'essai ne pourra être fait qu'à un moment où tous les becs peuvent être fermés ; il est donc préférable d'installer un compteur spécial d'une capacité appropriée. ) ;

2° **La quantité d'eau de refroidissement W** (On la mesurera à l'aide d'un compteur spécial et l'on prendra sa températu re à l'entrée et à la sortie du moteur pour déterminer la quantité de chaleur qu'elle emporte. );

3° **Si possible, la quantité d'huile consommée pendant l'expérience** (S'assurer, au commencement de l'expérience, que les graisseurs sont bien ouverts et pleins d'huile.);

4° **Le nombre de tours N ;**

5° **Le nombre d'explosions par minute *n*** (Ce nombre peut être déterminé automatiquement par un compteur actionné par le levier de la soupape.);

6° **Les diagrammes de l'indicateur** (type Richard, à grande vitesse, ou type nouveau de Vayne). On prendra des diagrammes à intervalles réguliers;

7° **Les ampères A** qu'on relèvera également à intervalles réguliers ;

8° **Les volts V** pris aux mêmes moments que les ampères. Le produit VA donne l'énergie fournie par la dynamo.

On prendra la moyenne valeur de $\dfrac{VA}{736}$; on aura ainsi en chevaux la valeur moyenne du travail électrique fourni. En le multipliant par la durée de l'expérience, on aura en chevaux-heures la quantité totale d'énergie électrique. Les huit quantités ci-dessus doivent être déterminées simultanément pendant une marche de deux ou trois heures; on les consignera dans le Tableau annexe. Le signal de chaque détermination sera donné à intervalles réguliers par l'un des observateurs; les observations seront faites environ toutes les dix minutes.

On déduira des diagrammes la valeur de la pression moyenne. On emploiera à cet effet la planimètre d'Amsler; la pression moyenne P s'obtiendra en divisant la surface du diagramme par sa longueur. On l'exprimera en kilogrammes par centimètre carré. On mesurera la course du piston *s* en mètres et sa surface *a* en centimètres carrés. Le travail indiqué sera alors en chevaux, par seconde,

$$T = \frac{a\,P\,s\,n}{75 \times 60}$$

(*n* étant le nombre d'explosions par minute).

 LE LABORATOIRE D'ÉLECTRICITÉ.

On prendra la valeur moyenne de ces déterminations. On en déduira le volume de gaz et d'eau par cheval indiqué. On déterminera de même la valeur moyenne de $\dfrac{AV}{736}$, qui donnera le travail électrique moyen en chevaux, par seconde, soit $T_1$. Le rapport $\dfrac{T}{T_1}$ est appelé *rendement global*. On peut déterminer aussi les volumes de gaz et d'eau correspondant à 1 cheval électrique fourni.

ESSAI D'UN GROUPE DYNAMO. — MOTEUR A GAZ.

|  |  |
|---|---|
| *Moteur à gaz.* | *Dynamo.* |
| Type      N° | Type      Nᵒˢ |
| Course : | Vitesse normale : |
| Surface du piston : | Voltage : |
| Vitesse normale : | Courant maximum : |
| Genre du moteur : | Genre de dynamo : |
|  | Résistance de l'excitation : |
|  | Résistance de l'armature : |
|  | Courant d'excitation : |

| TEMPS. | COURANT A. | VOLTS V. | NOMBRE d'explosions à la minute $n$. | VOLUME du gaz G. | COMPTEUR d'eau $w$. | T. | RENDEMENT $\dfrac{T}{T_1}$. |
|---|---|---|---|---|---|---|---|
|  |  |  |  |  |  |  |  |

# DÉTERMINATION DE LA RÉSISTANCE SPÉCIFIQUE
# D'UN ÉCHANTILLON DE FIL MÉTALLIQUE.

*Appareils nécessaires :*
1° *Un pont de Wheatstone (dont les résistances doivent être préalablement très soigneusement étalonnées) ;*
2° *Un galvanomètre à bobine mobile;*
3° *Une balance de précision;*
4° *Un mètre étalon et un compas à verge.*

On entend par *résistance spécifique* d'un corps, la résistance d'un volume (ou d'un poids) déterminé de ce corps pris sous une certaine forme. La résistance spécifique rapportée au volume est la résistance en C.G.S., entre deux faces opposées d'un cube ayant $1^{cm}$ de côté. La résistance spécifique rapportée au poids est la résistance d'un fil de $1^{m}$ de long et d'une section telle que son poids soit égal à $1^{gr}$.

Soit R la résistance en ohms d'un fil de longueur $l$ et de diamètre $d$, on a, en désignant par $\rho$ la résistance spécifique rapportée au volume,

$$R = \frac{4\rho l}{10^9 \pi d^2},$$

ou

$$\rho = \frac{10^9 \pi d^2 R}{4 l}.$$

Soit $w$ le poids en grammes et $s$ le poids spécifique; on a

$$\frac{\pi d^2}{4} ls = w$$

ou

$$\pi\, d^2 = \frac{4\,\omega}{ls}.$$

En substituant dans l'équation précédente, il vient

$$\rho = \frac{10^9\, R\,\omega}{l^2\, s}.$$

$\rho$ sera donc connu quand on connaîtra la résistance en ohms, le poids, la longueur et la densité. Pour déterminer la valeur de $\rho$ relative à un métal déterminé, nous prendrons donc un fil de ce métal et nous mesurerons R, W, $l$ et $s$. Supposons qu'il s'agisse d'un échantillon de cuivre. On choisira un fil soigneusement étiré, d'environ $0^{mm},5$ de diamètre. A l'aide du compas à verge, on reportera sur un plan rigide des distances égales rigoureusement à $1^m$. On mesurera deux longueurs de $3^m,02$ chaque. On isolera ces fils au coton ou à la soie. On fixera à l'une des extrémités de chaque fil un conducteur de $3^{mm}$ de diamètre et de $30^{cm}$ de long environ; la longueur du fil utilisé pour cette connexion doit être exactement de $1^{cm}$. Les deux autres extrémités seront soigneusement connectées sur $1^{cm}$ de long; le raccord sera recouvert de fil de cuivre, puis bien garni de soudure.

On doublera sur lui-même ce fil isolé et on l'enroulera sur une bobine de $18^{cm}$ environ de diamètre; les fils de connexion seront recourbés à angles droits. Si le fil est élastique, on l'attachera pour le maintenir en place. On aura réalisé ainsi une bobine non inductive ayant exactement $6^m$ de fil. Pour déterminer sa résistance à $0°$, on la placera dans une cuve circulaire remplie d'huile de paraffine; on introduira cette cuve elle-même dans un récipient contenant de la glace fondante; on agitera l'huile de paraffine et on déterminera sa température à l'aide d'un thermomètre de précision; lorsque cette température sera bien stationnaire, on mesurera la résistance à l'aide du pont, puis on remplacera la glace fondante par de l'eau qu'on portera à différentes températures. On fera de nouvelles déterminations de la résistance entre $0°$ et $100°$, en maintenant chaque fois la température aussi constante que possible. Il faudra déduire des résistances observées la résistance des gros fils de connexion : on obtiendra cette valeur par une mesure directe. On séparera ensuite le fil des connecteurs, on le dépouillera de son isolant et on le lavera à l'éther et à l'alcool. On mesurera à nouveau la longueur, puis, après l'avoir replié plusieurs fois sur lui-même de façon à en faire une masse aussi compacte que possible, on le pèsera dans l'air. On fera une seconde pesée dans l'eau en fixant la masse à un fil de platine très fin : pour chasser l'air retenu dans les différents replis, on portera au préalable l'eau à l'ébullition. On déterminera le poids dans l'eau à la température de $15°$.

Soient W le poids dans l'air et $W_1$ le poids dans l'eau, toutes corrections faites, le poids spécifique S sera déterminé par l'équation

$$S = \frac{W}{W - W_1}.$$

On pourrait tenir compte de la variation de la densité de l'eau distillée en fonction de la température, mais on n'aurait ainsi qu'une correction qu'on peut négliger, car elle est de l'ordre de grandeur des erreurs d'observation. Le fil de suspension doit être très fin ($0^{mm},1$ environ) : son poids doit être déduit de la valeur de $W_1$. Les mesures dans l'eau sont assez délicates, car les phénomènes de capillarité nuisent à la sensibilité de la balance. Pour les précautions particulières à ce genre de mesures, on pourra consulter GLAZEBROOCK and SHAW's, *Practical Physics* (Chap. V), ou KOLRAUSCH's (*Physical Measuraments*).

La longueur, la résistance et le poids spécifique étant déterminés, la formule que nous avons établie donnera la résistance spécifique rapportée au volume. On pourra calculer cette valeur pour différentes températures.

On tracera une courbe en portant comme abscisses les températures et comme ordonnées les résistances spécifiques correspondantes. La tangente à cette courbe donnera le coefficient de température. La résistance spécifique du cuivre est un coefficient important. La valeur généralement admise est celle qu'a donnée Matthiessen et qui correspond pour le cuivre pur recuit à 1580 C.G.S., et pour le cuivre écroui à 1620 C.G.S. On trouve actuellement dans le commerce du cuivre électrolytique possédant une résistance plus faible. Tous les aide-mémoire renferment des Tables de résistances donnant également le coefficient de température.

Soient L la longueur (en centimètres) d'un conducteur cylindrique, W son poids (en grammes) et R sa résistance (en ohms). Un conducteur ayant $1^m$ et pesant $1^{gr}$ aura une résistance $\rho_1$, donnée par la formule

$$R = \frac{\rho_1\, L^2}{10000\, W},$$

d'où

$$\rho_1 = \frac{10000\, W R}{L^2};$$

$\rho_1$ est la résistance spécifique rapportée au poids.

DÉTERMINATION DE LA RÉSISTANCE SPÉCIFIQUE RAPPORTÉE AU VOLUME, ET DU COEFFICIENT DE TEMPÉRATURE D'UN CORPS.

Nature du fil :
Longueur.................................................. $=$    cm
Poids dans l'air... ...... .................... $=$    gr
Poids dans l'eau........................... .......... $=$    gr
Poids spécifique...... ........ ............... $=$    gr
Diamètre moyen........................... ...... $=$    cm
Coefficient de température moyen....... ...... $=$    °

| OBSERVATION N° | TEMPÉRATURE. | RÉSISTANCE en ohms totale. | RÉSISTANCE des connecteurs. | RÉSISTANCE du fil. | REMARQUES. |
|---|---|---|---|---|---|
| | | | | | |

# MESURE DES FAIBLES RÉSISTANCES A L'AIDE DU POTENTIOMÈTRE.

*Appareils nécessaires :*
1° *Un potentiomètre ;*
2° *Deux éléments d'accumulateurs d'une capacité d'au moins 30 ou 40 ampèreheures ;*
3° *Un étalon Clark ;*
4° *Un galvanomètre sensible à bobine mobile.*

Nous avons décrit précédemment (p. 34) les dispositions générales du potentiomètre et son usage. Lorsqu'il s'agit de mesurer de faibles résistances, il y a toutefois lieu de prendre quelques précautions spéciales qu'on peut résumer ainsi qu'il suit :

*Isolation de l'appareil.* — On rencontre parfois, lorsqu'on doit faire des mesures de précision à l'aide d'un galvanomètre excessivement sensible, des difficultés dues aux défauts d'isolement : il peut même arriver que le seul attouchement de certaines parties du circuit suffise à produire des déviations parasites. Il faut donc apporter le plus grand soin dans le montage : la batterie secondaire, l'étalon et le galvanomètre doivent être placés sur des plaques d'ébonite ; les fils de connexions doivent être recouverts de gutta. Pour les mesures particulièrement délicates, l'expérimentateur devra lui-même s'isoler sur un tapis de caoutchouc et ne toucher au contact mobile qu'à l'aide d'un dé isolant.

*Constance du débit de la batterie.* — Il est absolument essentiel, pour faire une bonne mesure, d'avoir une batterie à voltage constant. Il convient donc d'employer une batterie de grande capacité : il faut de plus prendre la précaution de la charger d'abord complètement, puis de la décharger partiellement, avant de l'utiliser. On sait, en effet, que le voltage d'un accumulateur ne se maintient constant qu'après un débit d'environ 25 pour 100 de la pleine charge. En employant une batterie fraîchement chargée, on s'exposerait à de brusques variations de la force électromotrice.

*Galvanomètre.* — La sensibilité du potentiomètre est évidemment subordonnée à celle du galvanomètre. Si l'on ne se trouve pas dans le voisinage de dynamos ou de champs magnétiques, on pourra avantageusement employer un galvanomètre à aiguille à haute résistance ; mais si l'on doit opérer dans un laboratoire d'usine, le manque de stabilité et le voisinage de champs perturbateurs en rendent l'emploi impossible ; il faut alors recourir au galvanomètre à bobine mobile.

L'appareil doit être assez sensible pour qu'un cent-millionième d'ampère déplace la tache lumineuse d'au moins $1^{mm}$ lorsque l'échelle est à la distance de $1^m$ du miroir ; on doit considérer cette condition comme correspondant à une bonne sensibilité, mais non à une sensibilité extraordinaire. Le circuit du galvanomètre doit comporter une résistance d'au moins 1000 ohms, de façon que l'intensité qui traverse l'étalon Clark soit toujours très faible.

*Étalon Clark.* — Il est pratiquement reconnu que la pile Clark peut conserver pendant une assez longue durée une force électromotrice parfaitement constante : toutefois, il faut pour cela qu'elle soit montée avec certaines précautions.

Les spécifications du Board of Trade sont les suivantes :

Les deux électrodes de la pile sont constituées par une plaque de zinc amalgamé et du mercure. Ces deux électrodes plongent dans une solution neutre de sulfate de zinc et de sulfate de mercure, contenant du sulfate de mercure en excès.

1° *Mercure*. — Pour purifier le mercure, on doit le traiter, d'après le procédé connu, par l'acide sulfurique, puis le distiller dans le vide.

2° *Zinc*. — L'électrode de zinc doit être en métal chimiquement pur ; à l'une des extrémités on soudera un fil de cuivre, puis on polira soigneusement la surface de façon à la débarrasser complètement de toutes les parties peu adhérentes. Au moment de monter la pile, on plongera la tige de zinc dans un bain d'acide sulfurique étendu d'eau distillée, on la lavera, puis on la séchera à l'aide de papier buvard.

3° *Sulfate de mercure*. — Prendre du sulfate commercialement pur ; y ajouter une petite quantité de mercure pur et de l'eau froide et agiter le mélange. Décanter l'eau et recommencer l'opération au moins deux fois. Après le dernier lavage, décanter soigneusement.

4° *Solution de sulfate de zinc*. — Préparer une solution neutre et saturée de sulfate de zinc pur (recristallisé) en dissolvant dans un certain poids d'eau distillée un poids double de sulfate pur, auquel on ajoute environ 2 pour 100 d'oxyde de zinc afin de neutraliser l'acide qui pourrait se trouver en liberté. Les cristaux doivent être dissous à une température modérée ne dépassant pas 30°C. Ajouter enfin, dans la proportion de 6 pour 100 du poids de l'eau employée, du sulfate de mercure traité comme il a été dit précédemment. Cette addition a pour but de transformer l'excès d'oxyde en sulfate de zinc. Filtrer pendant que la solution est encore chaude. Les cristaux se formeront par le refroidissement.

5° *Pâte de sulfates de mercure et de zinc*. — Mélanger intimement la pâte de sulfate de mercure avec une solution concentrée de sulfate de zinc ; chauffer la pâte (qui doit avoir une consistance crémeuse), sans dépasser la température de 30°C., pendant une heure environ, agiter de temps en temps, puis laisser refroidir. Il doit alors se produire au sein de la masse des cristaux de sulfate de zinc faciles à reconnaître ;

en cas contraire, ajouter à nouveau du sulfate de zinc et recommencer l'opération.

6° *Montage de la pile.* — Prendre un tube d'essai, d'environ $2^{cm}$ de diamètre et $4^{cm}$ ou $5^{cm}$ de hauteur. Placer le mercure au fond du tube sur une hauteur d'environ $5^{mm}$. Préparer un bouchon pourvu de deux ouvertures pour le passage de la tige de zinc et d'un tube de verre contenant un fil de platine qui doit plonger dans le mercure. Laver ce bouchon à l'eau chaude et le laisser se ramollir dans l'eau pendant quelques heures. Le bâton de zinc doit dépasser le bouchon d'environ $1^{cm}$. Le fil de platine doit avoir un diamètre de $0^{mm},7$; il doit être scellé au tube qui le protège; les deux extrémités nues sont mises respectivement en contact avec l'une des bornes de l'élément et avec le mercure : l'extrémité qui plonge dans le mercure doit être au préalable portée au rouge; le tube protecteur doit être lavé avec soin et plonger légèrement dans le mercure.

Agiter la pâte et en verser une hauteur d'environ $1^{cm}$ sans salir la partie supérieure du tube qui sert de récipient.

Fermer le tube à l'aide du bouchon et enfoncer ce dernier jusqu'à ce qu'il ne reste qu'une petite quantité d'air au-dessus du liquide. Laisser la pile en cet état pendant vingt-quatre heures, puis la sceller en coulant de la glu marine au-dessus du bouchon; on peut encore placer au-dessus de la glu du silicate de soude pour obtenir une fermeture plus résistante.

Dans l'emploi, il faut éviter les brusques variations de température : pour déterminer la température, placer l'élément dans un bain d'eau. La pile est quelquefois disposée dans un tube en forme d'H. On utilise alors, au lieu de zinc, un amalgame à 10 pour 100 de ce métal.

Il est facile de comparer à l'aide du potentiomètre différents éléments constitués comme il vient d'être dit. En disposant de deux éléments, on pourra de même déterminer la variation de la force électromotrice en fonction de la température.

*Construction des étalons de faible résistance.* — Pour employer le potentiomètre à la mesure des faibles résistances, il faut avoir une série d'étalons de $0^{\Omega},1$, $0^{\Omega},01$, $0^{\Omega},001$. Le premier doit pouvoir supporter, sans échauffement sensible, 10 ampères, le second 100, le troisième 1000.

A l'aide de ces étalons, il est facile de déterminer la valeur d'une résistance du même ordre de grandeur : il suffit de placer la résistance et l'étalon en série et de faire passer dans le circuit un courant déterminant une chute de potentiel d'environ $0^{volt},1$. Le rapport des différences de potentiel entre les extrémités de l'étalon et celles de la résistance inconnue est évidemment égal au rapport des deux résistances partielles.

Pour réaliser un étalon de $0^{\Omega},1$ par exemple, capable de supporter 10 ampères, on prendra un fil de platinoïde ou de manganine de $1^{mm},6$ de diamètre et l'on coupera dix morceaux présentant chacun une résistance quelque peu supérieure à 1 ohm. La longueur correspondant à une résistance de 1 ohm s'obtiendra par une mesure directe au pont faite, par exemple, sur un mètre.

On soudera tous ces fils par l'une de leurs extrémités à un bloc de cuivre. On réglera soigneusement les résistances individuelles en déterminant pour chacune d'elles un trait de repère correspondant à la longueur qu'il faut utiliser pour obtenir 1 ohm; on coupera les fils à $1^{cm}$ du repère et on les soudera sur la partie libre. Comme nous l'avons expliqué plus haut, cet étalon peut être très facilement reproduit.

MESURE DES FAIBLES RÉSISTANCES PAR LE POTENTIOMÈTRE.

| OBSER-VATION N° | TEMPÉRA-TURE de l'étalon Clark. | LECTURE corres-pondant à l'étalon Clark. | LECTURE corres-pondant à la résis-tance connue. | VALEUR de la résis-tance connue. | LECTURE corres-pondant à la résis-tance inconnue. | VALEUR calculée de la résis-tance cher-chée. | REMARQUES. |
|---|---|---|---|---|---|---|---|
|  |  |  |  |  |  |  |  |

On peut encore comparer les faibles résistances à l'aide du galvanomètre. Il suffit pour cela de les relier en série et d'y

faire passer un certain courant ; on connectera le galvanomètre successivement aux extrémités de chaque résistance
et l'on notera les déviations. Si l'on admet que les déviations
sont proportionnelles aux courants, leur rapport donnera la
valeur du rapport des résistances. Cette méthode, quoique
peu rigoureuse, est employée pour les circuits secondaires
des transformateurs.

# MESURE DE LA RÉSISTANCE D'UN INDUIT.

*Appareils nécessaires :*
1º *Un galvanomètre à bobine mobile, de haute résistance ;*
2º *Un potentiomètre ;*
3º *Deux ou trois éléments d'accumulateurs ;*
4º *Des étalons de* $0^{\Omega},1$ *et* $0^{\Omega},2$.

L'induit d'un alternateur ou d'une machine à courant continu peut comporter soit un seul circuit, soit plusieurs circuits en dérivation. La résistance d'un induit doit toujours être faible, pour que la machine ait un rendement élevé : elle est généralement de l'ordre de grandeur de $0^{\Omega},1$ ou $0^{\Omega},01$.

Une aussi faible résistance ne saurait être mesurée pratiquement avec le pont de Wheatstone, car les erreurs dues aux mauvais contact deviendraient prépondérantes. La mesure en est par contre assez facile soit par le potentiomètre, soit par la méthode des déviations.

Chercher tout d'abord à obtenir une valeur approximative par la méthode des déviations. Après avoir soigneusement nettoyé le collecteur et les balais, placer en série avec l'induit un étalon de $0^{\Omega},01$ par exemple. Si la machine est à courant continu, il faut prendre soin de placer les balais sur deux lamelles diamétralement opposées et de déconnecter le circuit d'excitation.

Faire passer dans le circuit de l'induit et de l'étalon le courant fourni par deux éléments à grande surface. Connecter successivement le galvanomètre aux bornes de l'étalon et aux bornes de l'induit.

La résistance introduite dans le circuit du galvanomètre doit laisser subsister une déviation assez grande pour être évaluée au $\frac{1}{100}$ au moins. Soient $d_1$ et $d_2$ les déviations correspondant à l'induit et à l'étalon. Pour éliminer l'erreur due à la diminution de la force électromotrice de la batterie, il sera bon de faire une seconde mesure aux bornes de l'étalon après avoir opéré sur l'induit et de prendre pour $d_1$ la valeur moyenne des deux déviations correspondantes.

Soient $R_1$ la résistance de l'armature et $R_2$ la résistance étalon, $V_1$ et $V_2$ les différences de potentiel créées aux bornes de l'induit et aux bornes de l'étalon par le courant de la batterie. On a

$$I = \frac{V_1}{R_1} = \frac{V_2}{R_2},$$

d'où

$$\frac{V_1}{V_2} = \frac{R_1}{R_2}.$$

Désignons par $r$ la résistance du circuit du galvanomètre (y compris la résistance auxiliaire). Si l'on admet que les déviations sont proportionnelles aux courants, on a

$$\frac{V_2}{r} = c\,d_2, \qquad \frac{V_1}{r} = c\,d_1,$$

d'où

$$\frac{V_1}{V_2} = \frac{d_1}{d_2},$$

et enfin

$$\frac{R_1}{R_2} = \frac{d_1}{d_2},$$

c'est-à-dire

$$R_1 = R_2\,\frac{d_1}{d_2}.$$

L'hypothèse faite sur la proportionnalité des déviations aux courants n'est pas toujours très justifiable. Néanmoins l'exactitude de cette méthode est généralement suffisante pour les déterminations de laboratoire. On peut du reste la rendre plus rigoureuse en étalonnant le galvanomètre. — Par la méthode du potentiomètre on obtiendra des résultats beaucoup plus précis.

| OBSERVATION N° | DÉVIATION du galvanomètre correspondant à la différence de potentiel aux bornes de l'étalon $d_2$ ou $V_2$. | DÉVIATION du galvanomètre correspondant à la différence de potentiel aux bornes de l'induit $d_1$ ou $V_1$. | VALEUR calculée de la résistance cherchée $R_1 = R_2 \dfrac{d_1}{d_2}$ ou $R_1 = R_2 \dfrac{V_1}{V_2}$. | SPÉCIFICATION de l'induit. |
|---|---|---|---|---|
| | | | | |

# ÉTALONNAGE D'UN AMPÈREMÈTRE PAR LE VOLTAMÈTRE A CUIVRE.

*Appareils nécessaires :*
1° *Une balance de précision capable de peser un poids de* 100$^{gr}$ *avec une approximation de* $\frac{1}{10}$ *de milligramme ;*
2° *Une cuve électrolytique répondant aux conditions spécifiées plus loin ;*
3° *Une source capable de fournir un courant constant ;*
4° *Un rhéostat régulateur.*

Si l'on fait passer un courant électrique au travers d'une solution d'un sel métallique, on sait qu'il se produit un transport de métal de l'anode vers la cathode. A condition de prendre certaines précautions, que nous décrirons plus loin, l'augmentation, par seconde, du poids de la cathode peut servir à définir l'intensité du courant qui traverse le bain.

Il peut y avoir intérêt à employer de préférence, pour les mesures de haute précision, un bain de nitrate d'argent et des électrodes d'argent : aussi le Board of Trade a-t-il adopté cette manière de procéder pour définir l'intensité d'un courant.

La définition de l'ampère est alors la suivante : On entend par courant de 1 ampère un courant d'intensité constante capable de déposer 0$^{gr}$,001118 d'argent par seconde.

Le poids de métal déposé par seconde par un courant de 1 ampère s'appelle *équivalent électrochimique.*

Le Board of Trade a fixé pour la détermination de l'intensité d'un courant les spécifications suivantes :

*Dans ce qui suit on entend par voltamètre à argent un appareil disposé de façon à pouvoir faire passer un courant au travers d'une solution aqueuse de nitrate d'argent. Cet appareil permet d'évaluer la quantité totale d'électricité dépensée pendant la durée d'une expérience. Si le courant est maintenu constant, on en déduira immédiatement sa valeur.*

*Supposons qu'il s'agisse de mesurer un courant d'environ 1 ampère. La cathode devra être constituée par un vase cylindrique en platine de $10^{cm}$ de diamètre et de $4^{cm}$ à $5^{cm}$ de haut. L'anode sera une plaque d'argent pur d'environ $30^{cmq}$ de surface et de $2^{mm}$ à $3^{mm}$ d'épaisseur; cette plaque devra être fixée à l'aide de fils de platine, de façon à se trouver près de la surface libre du liquide. Pour éviter la chute sur la cathode des parties désagrégées de l'anode, celle-ci devra être enveloppée de papier filtre assujetti à l'aide de cire à cacheter.*

*L'électrolyte sera une solution neutre de nitrate d'argent contenant environ 15 pour 100 de nitrate et 85 pour 100 d'eau. La résistance du voltamètre change quelque peu par le fait même du passage du courant. Pour que ces changements n'aient pas trop d'influence sur la valeur du courant, on insérera un rhéostat dans le circuit et on le réglera de façon que la résistance totale ne soit pas inférieure à 10 ohms.*

*Pour faire une mesure on commencera par laver la cathode à l'acide nitrique, puis à l'eau distillée; on la séchera à chaud, et on la pèsera avec soin. On la remplira de la solution de nitrate et on la placera sur un support en cuivre, isolé et muni d'une borne de contact. L'anode sera immergée de façon à être placée comme il a été dit, et les connexions du circuit seront complétées convenablement. On fermera le circuit à un moment déterminé et l'on notera soigneusement le temps : l'expérience doit durer au moins une demi-heure.*

*Après avoir vidé la cathode, on la laissera séjourner dans l'eau distillée pendant au moins six heures, puis on la lavera à l'eau et à l'alcool, on la séchera à une température de 100° C. et enfin on la pèsera à nouveau. L'accroissement de son poids est égal au poids de l'argent déposé. En divisant cette quantité exprimée en grammes par le nombre de secondes durant lequel le courant a passé et par le fac-*

*teur 0,001118, on obtiendra la valeur du courant en am-*
*pères. Si durant l'expérience le courant a varié, on n'ob-*
*tiendra ainsi que la valeur du courant moyen.*

*En étalonnant un ampèremètre à l'aide de cette méthode*
*on cherchera à obtenir un courant aussi constant que*
*possible, et l'on notera les lectures à de fréquents inter-*
*valles. On en déduira la lecture correspondant au courant*
*moyen que donne le calcul.*

Dans beaucoup de cas on pourra employer, avec assez
d'exactitude, le « voltamètre à cuivre ». L'appareil est en tous
points analogue à un élément d'accumulateur : les électrodes
sont en cuivre et l'électrolyte une solution acide de sulfate de
cuivre. La dimension des électrodes doit être proportionnée à
l'intensité du courant à mesurer. Si la cathode se compose de
N plaques de surface S réunies en quantité, sa surface totale
sera évidemment NS : l'anode aura alors $N + 1$ plaques, mais
sa surface active ne sera, comme précédemment, que NS. La
surface totale de l'anode ne doit jamais être inférieure à $40^{cmq}$
par ampère : en dessous de cette limite la résistance du voltamètre devient très variable par suite de formation d'oxyde.
Pour avoir un dépôt adhérent, il convient de ne pas descendre
en dessous de $20^{cmq}$ de surface cathodique par ampère.

On adopte généralement pour plus de sûreté $50^{cmq}$. Pour régler le courant, il convient d'avoir un rhéostat à variations
aussi continues que possible : il sera commode d'employer à
cet effet un rhéostat à disques de charbons comprimés.

Les plaques de cuivre doivent être assujetties de façon à
ne pas pouvoir se déplacer pendant l'expérience. On doit de
plus pouvoir les séparer aisément pour les laver et les peser.
Pour les détails de ces manipulations, on pourra consulter
les *Annales de la Société de Physique de Glascow* (27 jan-
vier 1888 ; MEIKLE) ou le *Philosophical Magazine* (no-
vembre 1886 ; GRAY).

On préparera l'électrolyte en dissolvant des cristaux purs
dans de l'eau distillée : la densité doit être d'environ 1,15 ou
1,18 : on y ajoutera 1 pour 100, en volume, d'acide sulfurique.
Cette addition est indispensable, car on ne peut obtenir de
bons résultats avec une solution neutre. Les plaques de cuivre

doivent être décapées à l'acide azotique, puis lavées et séchées : il faut prendre soin de ne pas les toucher avec les doigts après lavage. Chaque plaque doit porter un numéro : les angles doivent être arrondis à la lime. Avant de faire la pesée, il faut les sécher en présence d'acide sulfurique de façon à chasser toute humidité.

L'opération sera conduite de la même manière que pour le voltamètre à argent. Le courant doit être maintenu pendant plusieurs heures, aussi constant que possible. Avant la seconde pesée, les plaques seront lavées dans de l'eau très légèrement additionnée d'acide sulfurique pour éviter l'oxydation : elles seront ensuite soigneusement séchées, puis pesées. On déterminera l'augmentation moyenne par seconde du poids de la cathode ; en divisant cette quantité par l'équivalent électrochimique du cuivre, on obtiendra le courant moyen. La valeur de ce coefficient, qui varie quelque peu avec la densité et la température, est donnée par le Tableau suivant :

| SURFACE de la cathode en centimètres carrés par ampère. | ÉQUIVALENT ÉLECTROCHIMIQUE DU CUIVRE | |
|---|---|---|
| | à 12°. | à 23°. |
| 50............ | 0,0003287 | 0,0003286 |
| 100............ | 3284 | 3283 |
| 150............ | 3281 | 3280 |
| 200............ | 3279 | 3277 |
| 250............ | 3278 | 3275 |
| 300............ | 3278 | 3272 |

ÉTALONNAGE D'UN AMPÈREMÈTRE PAR LE VOLTAMÈTRE A CUIVRE.

| OBSER- VATION N°. | NOMBRE de plaques. | POIDS initial de la cathode. | POIDS final de la cathode. | AUGMEN- TATION de poids. | DURÉE de l'expé- rience. | VALEUR du courant. | LECTURE de l'ampère- mètre. |
|---|---|---|---|---|---|---|---|
| | | | | | | | |

F.

6

# ÉTALONNAGE D'UN VOLTMÈTRE
# PAR LE POTENTIOMÈTRE CROMPTON.

*Appareils nécessaires :*
1° *Un potentiomètre de Crompton (ou type analogue);*
2° *Un galvanomètre très sensible, à bobine mobile;*
3° *Deux éléments Clark;*
4° *Une boîte à volts.*

L'appareil connu sous le nom de *potentiomètre de Cromp-ton* repose sur le même principe que le potentiomètre simple que nous avons décrit précédemment : il convient toutefois mieux pour les mesures délicates.

Le fil divisé **AB** (*Pl. A, fig.* 1 et 2) est connecté en série à un ensemble de quatorze bobines identiques entre elles et ayant environ 2 ohms de résistance; la résistance du fil divisé est elle-même égale à celle de l'une de ces bobines. Elles sont connectées par leurs points de jonction à quatorze touches de contact disposées comme le montre la figure en E. Un second groupe G de quatorze bobines et un petit rhéostat à contact glissant $G_1$ sont également reliés en série avec le fil divisé et le premier groupe, et le circuit est complété par un élément secondaire. (Pour le schéma des connexions, voir *Pl. A, fig.* 3.)

En manœuvrant le commutateur du rhéostat G et en faisant varier la résistance de $G_1$ on peut ajuster la résistance totale de façon à avoir entre l'extrémité du fil divisé et l'extrémité du premier groupe de bobines une différence de potentiel exactement égale à $1^{volt},5$.

La division de l'échelle comportant 1000 divisions, chacune d'elles correspondra alors à $\frac{1}{10000}$ de volt. L'une des bornes du galvanomètre est reliée au contact glissant C, l'autre est reliée au commutateur H : ce commutateur comporte une série de doubles touches et permet ainsi d'introduire successivement en circuit les différentes forces électromotrices à comparer.

Il conviendra d'avoir deux étalons qui serviront de contrôle mutuel.

La boîte à volts devra avoir 5000 ohms de résistance : elle devra pouvoir supporter de 100 à 150 volts et être subdivisée en résistances respectivement égales aux nombres 50, 100 et 500 ohms.

On pourra ainsi fractionner la différence de potentiel à mesurer soit au $\frac{1}{100}$, soit au $\frac{1}{50}$, soit encore au $\frac{1}{10}$.

Pour étalonner un voltmètre de 100 à 120 volts, on connectera la boîte à volts avec une batterie d'environ 50 éléments secondaires de faible capacité : on connectera également le voltmètre aux bornes de la batterie et l'on notera son indication : pour calculer le voltage exact, on prendra sur la boîte à volts la subdivision donnant le $\frac{1}{100}$ du voltage total : on la reliera au potentiomètre comme il a été expliqué précédemment (p. 34). On prendra soin d'isoler convenablement le galvanomètre et le potentiomètre.

Pour régler l'appareil, on fera varier les résistances G et $G_1$, jusqu'à ce que la différence de potentiel correspondant à une division soit exactement égale à $\frac{1}{10000}$ de volt. — Pour y arriver on procédera de la façon suivante :

Supposons que la force électromotrice de l'étalon soit $1^{volt},434$. On placera le bras de E sur le plot 14 et le contact C à la division 340, puis on manœuvrera G et $G_1$ jusqu'à ce qu'on obtienne l'équilibre.

Après avoir vérifié que les deux étalons sont identiques, on manœuvrera H de façon à relier le potentiomètre à la boîte à volts, comme il a été dit plus haut. On pourra alors avoir à déplacer le levier de contact de E pour rétablir l'équilibre. Supposons qu'on soit ainsi conduit à le placer sur le plot 10 et que le curseur C doive être amené en face de la division 125. La différence de potentiel cherchée sera de $101^{volts},25$. En changeant le nombre d'éléments de la batterie on contrôlera facilement toute l'échelle de l'appareil et l'on pourra établir les courbes d'erreurs.

ÉTALONNAGE D'UN VOLTMÈTRE PAR LE POTENTIOMÈTRE CROMPTON.

| OBSER-VATION N° | TEMPÉ-RATURE. | FORCE électro-motrice de l'étalon. | LECTURE réduite du potentio-mètre. | RAPPORT utilisé dans la boîte à volts. | VALEUR vraie de la diffé-rence de potentiel. | VALEUR indiquée par le voltmètre. | ERREUR du voltmètre. |
|---|---|---|---|---|---|---|---|
| | | | | | | | |

Fig. 1.

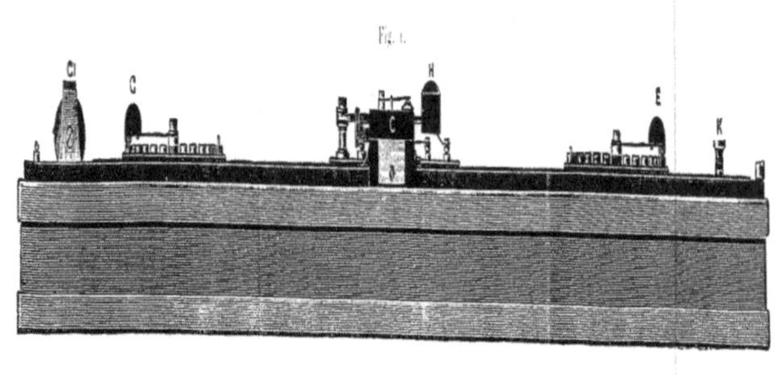

Fig. 2.

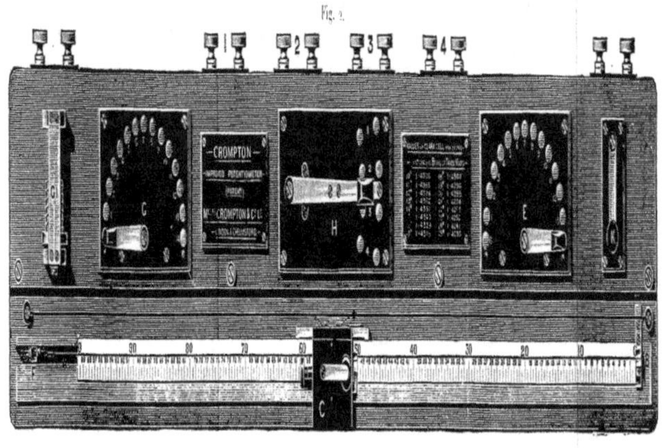

Fig. 3.

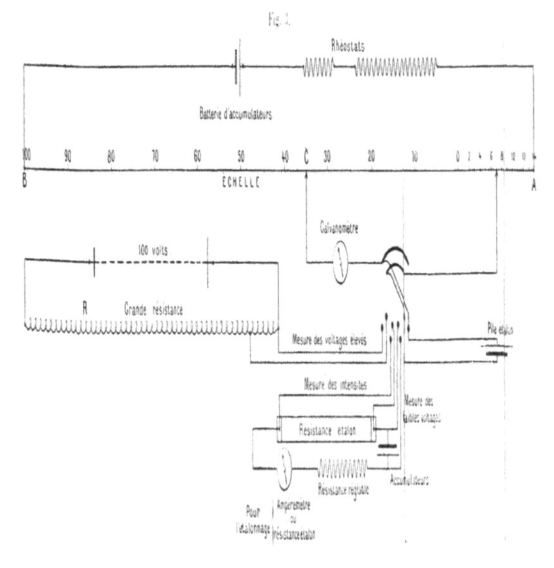

# ÉTALONNAGE D'UN AMPÈREMÈTRE PAR LA MÉTHODE DU POTENTIOMÈTRE.

*Appareils nécessaires :*
1° *Un potentiomètre, type Crompton ;*
2° *Un assortiment d'étalons de faibles résistances ;*
3° *Une batterie secondaire de grande capacité ;*
4° *Un rhéostat régulateur.*

Pour l'étalonnage d'un ampèremètre, le potentiomètre doit être réglé comme il a été dit précédemment (p. 37 et 82). La *fig.* 3 (*Pl. A*) indique le diagramme des connexions. L'ampèremètre à étalonner sera monté en série avec un étalon de faible résistance capable de supporter, sans échauffement appréciable, le courant maximum. Si, par exemple, l'ampèremètre est construit pour 10 ampères, on prendra un étalon de $0^{ohm},1$ capable de supporter, sans échauffement, un courant de 10 ampères. Dans le circuit de l'ampèremètre on intercalera, en plus, un rhéostat à compression : le courant sera fourni à ce circuit par une batterie d'accumulateurs de capacité appropriée.

On déterminera, à l'aide du potentiomètre, le voltage aux bornes de l'étalon de résistance (p. 37) et l'on notera la lecture correspondante de l'ampèremètre, pour divers régimes de courants. Si, par exemple, on trouve qu'avec un étalon de $0^{ohm},1$ la différence de potentiel est de $0^{volt},951$ lorsque l'ampèremètre indique $10^{ampères},2$, on en déduit que le courant vrai est de $9^{ampères},51$ et que l'appareil présente en ce point de son échelle une erreur de $+ 0^{volt},69$.

Si l'ampèremètre comporte dans sa construction l'emploi de

pièces magnétiques, il faudra l'étalonner successivement pour courants croissants et pour courants décroissants.

Les conditions que doit remplir un bon ampèremètre peuvent être résumées ainsi qu'il suit : — 1° Il doit être aussi apériodique que possible ; — 2° Les lectures doivent être indépendantes des régimes précédents ; — 3° Les champs magnétiques extérieurs ne doivent avoir aucune influence sur l'appareil ; — 4° L'instrument doit être sensible ; — 5° Enfin, il est bon que les divisions de l'échelle soient, autant que possible, égales et que les lectures puissent être faites depuis le zéro, sans intervalle inutilisable.

Pour le voltmètre, il faut de plus que le coefficient de température soit négligeable ou, à défaut, bien déterminé.

Ces diverses conditions ne sont pas toujours remplies par les appareils basés sur l'action d'un champ magnétique sur des pièces de fer. Il conviendra de ne pas les perdre de vue lorsqu'on aura à apprécier la valeur d'un appareil.

Les résultats obtenus par cette méthode pourront être comparés avec ceux que fournit la méthode électrolytique.

Il n'est pas sans intérêt de remarquer que l'emploi du potentiomètre permet d'effectuer toutes les mesures relatives aux courants continus en fonction d'un étalon de force électromotrice et d'un étalon de résistance.

ÉTALONNAGE D'UN AMPÈREMÈTRE PAR LE POTENTIOMÈTRE.

| OBSER-VATION N° | TEMPÉRA-TURE. | VALEUR de la force électro-motrice de l'étalon Clark. | LECTURE du potentio-mètre. Différence de potentiel aux extrémités de la résis-tance étalon. | VALEUR de la résis-tance em-ployée. | VRAIE valeur du courant en ampères. | LECTURE de l'ampère-mètre. | ERREUR. |
|---|---|---|---|---|---|---|---|
| | | | | | | | |

# DÉTERMINATION DE LA PERMÉABILITÉ MAGNÉTIQUE
## D'UN ÉCHANTILLON DE FER.

*Appareils nécessaires :*
1° *Un galvanomètre balistique et le condensateur qui sert à l'étalonner ;*
2° *Un tore de fer de grand diamètre divisé en deux parties par une section axiale.*

On sait calculer (*voir* p. 23) la force magnétisante qui s'exerce à l'intérieur d'un très long solénoïde. Pour un long barreau (ayant une longueur L égale à au moins cent fois son diamètre) la force magnétisante $\mathcal{H}$ due à un courant de A ampères circulant à travers un solénoïde ayant N spires et une longueur L, est donnée par la formule

$$\mathcal{H} = \frac{4\pi NA}{10 L}.$$

Nous avons vu (p. 23 et 27) comment on peut déterminer l'induction $\mathcal{B}$, à l'intérieur d'une tige de fer placée dans le solénoïde, en employant une seconde bobine reliée à un galvanomètre balistique et en renversant brusquement le courant. L'induction magnétique est liée à la force magnétisante par l'équation

$$\mathcal{B} = \mu\,\mathcal{H}$$

où $\mu$ désigne la perméabilité magnétique. La détermination de $\mu$ est très simple dans tous les cas où l'échantillon peut être obtenu sous forme de tore. Désignons en effet par $a$ le rayon de la section axiale et par $2r$ le diamètre moyen. (Il conviendra de choisir pour rayon de la section environ $1^{cm}$ et pour diamètre moyen $10^{cm}$.) Soit, d'autre part, N le nombre de spires du solénoïde, bobiné soigneusement en une seule couche (fils de $1^{mm},2$ environ).

La valeur moyenne $\mathcal{K}$ de la forme magnétisante sera donnée, comme il est facile de le démontrer, par la formule

$$\mathcal{K} = \frac{4\,\mathrm{NA}}{10\,a^2}\,(r - \sqrt{r^2 - a^2}).$$

Pour mesurer l'induction, on emploiera une seconde bobine comportant dix ou vingt tours de fils de $0^{mm},2$ environ : les deux bobinages doivent être séparés par une couche de soie.

La bobine d'exploration doit être reliée au galvanomètre balistique à travers une résistance ajustable, et le solénoïde à une batterie d'accumulateurs par l'intermédiaire d'un commutateur renverseur à manœuvre rapide. On étalonnera d'abord le galvanomètre à l'aide d'un condensateur, comme il a été dit précédemment (p. 16) et l'on en déduira la constante balistique, c'est-à-dire le nombre par lequel il faut multiplier le sinus du demi-angle de déviation pour avoir en microcoulombs la quantité d'électricité qui a traversé l'appareil. On placera un ampèremètre soigneusement étalonné en série avec le solénoïde, puis on commencera les observations. On fermera le circuit primaire, on notera l'indication de l'ampèremètre, puis, après avoir connecté la bobine d'exploration au galvanomètre, on renversera brusquement le courant et l'on notera la déviation obtenue ; un ou deux tâtonnements seront généralement nécessaires pour arriver à régler la résistance auxiliaire, de telle façon que la déviation obtenue soit facile à lire avec une approximation suffisante. On mesurera alors la résistance totale du circuit galvanométrique.

Soit R cette valeur en ohms. Si C est la constante balistique et $2\,\theta$ la déviation observée, nous savons que la quantité d'électricité mise en mouvement est égale à

$$C\sin\frac{\theta}{2}\left(1 + \frac{\lambda}{2}\right)$$

($\lambda$ décrément logarithmique).

Soient $\mathfrak{B}$ l'induction, S la section du fer et $n$ le nombre de spires de la bobine d'exploration ; on a

$$\mathfrak{B}\,S\,n = \frac{1}{2}\,RC\,\sin\frac{\theta}{2}\left(1 + \frac{\lambda}{2}\right)10^9 \times 10^{-7},$$

d'où

$$\mathfrak{B} = \frac{RC\,\sin\dfrac{\theta}{2}\left(1 + \dfrac{\lambda}{2}\right)10^9}{2\,S\,n\,10^7}.$$

(Le facteur $10^9$ provient de la réduction de la valeur de R en C.G.S. ; de même $10^{-7}$ est introduit par la réduction des microcoulombs en C.G.S. ; enfin le facteur 2 provient de ce que le flux passe de la valeur $+\,\mathfrak{K}_0$, à $-\,\mathfrak{K}_0$, variant ainsi de $2\,\mathfrak{K}_0$.) Connaissant $\mathcal{K}$ et $\mathfrak{B}$, on en déduira immédiatement $\mu$.

Si l'échantillon ne peut pas être obtenu sous forme de tore, on procédera de la manière suivante : On prendra deux demi-tores en fer de haute perméabilité, dont on dressera soigneusement les surfaces terminales et on les recouvrira d'un solénoïde comme il a été expliqué précédemment. On prélèvera sur l'échantillon à essayer deux petits cylindres d'environ $1^{cm}$ de diamètre et $1^{cm}$ de hauteur : on dressera soigneusement les surfaces terminales qui devront, de plus, être parallèles entre elles. Les spires d'observation seront bobinées sur ces petits cylindres qui devront être fortement pressés entre les deux demi-tores. Les solénoïdes bobinés sur chacun des demi-tores seront connectés en série. En calculant la force magnétisante à laquelle ces pièces sont soumises, on peut observer qu'elle est approximativement la même que si le tore était continu. Si $l$ est la longueur des éprouvettes d'essai et $l_1$ la longueur moyenne de chaque demi-tore, la longueur moyenne totale du circuit magnétique est $2(l_1 + l)$ et le rayon moyen du tore fictif est donné par l'équation $2\pi r_1 = 2(l + l_1)$. C'est cette valeur de $r_1$ qu'il faudra introduire dans la formule à la place de $r$ pour la détermination de $\mathcal{K}$.

Pour obtenir de bons résultats, il faut que les surfaces de contacts puissent s'adapter exactement les unes aux autres.

### DÉTERMINATION DE LA PERMÉABILITÉ D'UN ÉCHANTILLON DE FER.

Diamètre moyen du tore........................ = cm
Diamètre moyen de la section axiale.......... = 
Nombre de tours du solénoïde magnétisant... = tours
Longueur des pièces d'essai.................. = cm
Diamètre..................................... = 
Nombre de tours de la bobine d'exploration... = tours
Résistance du circuit galvanométrique....... = ohms

| OBSERVATION N° | COURANT en ampères dans le solénoïde magnétisant. | ANGLE de déviation du galvanomètre. | VALEUR de $\sin\frac{\theta}{2}\left(1+\frac{\lambda}{2}\right)$ | VALEUR calculée de la force magnétisante $\mathcal{H}$. | VALEUR calculée de l'induction $\mathcal{B}$. | VALEUR de la perméabilité $\mu=\dfrac{\mathcal{B}}{\mathcal{H}}$. |
|---|---|---|---|---|---|---|
| | | | | | | |

# ÉTALONNAGE D'UN VOLTMÈTRE A HAUTE TENSION.

*Appareils nécessaires :*
1° *Un petit alternateur accouplé directement à un moteur à courant continu ;*
2° *Un rhéostat pour régler la vitesse du moteur à courant continu ;*
3° *Un transformateur élévateur de tension ;*
4° *Une résistance sans self-induction.*

Les voltmètres à haute tension employés pour les courants alternatifs sont généralement basés sur le principe des attractions électrostatiques ; ils comportent un équipage fixe et un équipage mobile ; lorsqu'on établit une différence de potentiel entre ces deux pièces, l'équipage mobile se déplace de façon à se rapprocher de l'équipage fixe. Les indications de ces appareils sont indépendantes de la fréquence.

L'appareil à étalonner sera solidement fixé sur un support isolant, puis relié à la source de force électromotrice. On utilisera comme source de force électromotrice un petit alternateur accouplé à un moteur à courant continu : cette disposition présente l'avantage de permettre de faire varier très facilement le voltage en modifiant la vitesse du moteur. Supposons que le voltmètre à étalonner soit gradué de 1000 volts à 2400 volts. On connectera aux bornes du circuit à haute tension (soit aux bornes de l'alternateur, soit à celles d'un transformateur approprié) une résistance dépourvue de self d'environ 4000 ohms. Aux extrémités d'une section égale à peu près à $\frac{1}{20}$ de cette résistance, on reliera un voltmètre à basse tension qui devra être au préalable soigneusement étalonné à l'aide du potentiomètre. Cet étalonnage devra être fait, une première fois, avec un pôle déterminé connecté à l'équipage mobile, puis, une seconde fois, avec le pôle de nom contraire, car on constate que certains types de voltmètres électrostatiques donnent des indications différentes quand on renverse les pôles. Si l'on obtient ainsi, pour un voltage vrai égal à 100 volts, deux lectures correspondant respectivement à $99^{\text{volts}},5$ et $99^{\text{volts}},8$, on prendra la moyenne, soit $99^{\text{volts}},65$, comme lecture correspondant à 100 volts alternatifs, et l'erreur de l'échelle sera dans ce cas de $0^{\text{volt}},35$.

· Soient R la résistance totale insérée sur la haute tension et $r$ la résistance de la section aux bornes de laquelle est relié le voltmètre à basse tension. Soient de plus V la lecture du voltmètre à haute tension et $v$ la lecture corrigée du voltmètre à basse tension à un moment déterminé. La vraie valeur de la haute tension est de $\dfrac{R}{r}\, v$ et l'erreur de graduation est $-V\dfrac{R}{r}\, v$.

Il peut s'introduire dans cette expérience une cause d'erreur spéciale. La capacité du voltmètre à basse tension, quoique faible, exige un certain courant de charge, et, si la résistance totale est assez grande, il peut arriver que le rapport du voltage total au voltage mesuré ne soit plus égal au rapport de R à $r$. On pourrait, à la rigueur, tenir compte de la capacité de l'appareil ; mais il est, dans la plupart des cas, préférable de réduire la résistance totale de façon que le courant de charge devienne négligeable par rapport au courant total.

ÉTALONNAGE D'UN VOLMÈTRE A HAUTE TENSION.

| OBSERVATION N° | LECTURE du voltmètre à haute tension V. | VALEUR en ohms de la résistance totale R. | VALEUR en ohms de la résistance partielle $r$. | LECTURE corrigée du voltmètre à basse tension. | ERREUR du voltmètre $V-\dfrac{R}{r}\, v$. | SPÉCIFICATION du volmètre. |
|---|---|---|---|---|---|---|
| | | | | | | |

# ÉTALONNAGE D'UN AMPÈREMÈTRE POUR COURANTS ALTERNATIFS.

*Appareil nécessaire :*
*Un ampèremètre pour courants continus, soigneusement étalonné au préalable par la méthode du potentiomètre.*

On sait qu'on entend par intensité efficace d'un courant alternatif la racine carrée de la moyenne des carrés de son intensité instantanée considérée pendant une demi-période.

Lorsque la variation du courant suit la loi sinusoïdale simple, l'intensité efficace est égale à l'intensité maxima divisée par $\sqrt{2}$; il faut toutefois remarquer qu'il n'en est plus ainsi si la variation suit une loi plus complexe.

L'intensité efficace d'un courant alternatif est de 1 ampère lorsque ce courant produit, en traversant une résistance, le même échauffement qu'un courant continu de 1 ampère.

Les ampèremètres employés pour la mesure des courants alternatifs se divisent en deux classes : appareils thermiques et appareils électrodynamiques.

Dans les premiers le courant est mesuré par l'échauffement d'un fil conducteur : la quantité de chaleur produite étant à chaque instant proportionnelle au carré de l'intensité, l'échauffement moyen ne dépendra que de l'intensité efficace.

Dans les seconds, le courant est évalué par l'action réciproque de deux parties du circuit dont l'une est fixe et l'autre mobile : comme précédemment, elle ne dépend aussi que de l'intensité efficace.

Les dynamomètres employés à la mesure des courants alternatifs doivent avoir un moment d'inertie suffisant pour éviter les oscillations de la partie mobile. Le courant est évalué soit par la valeur du couple nécessaire pour maintenir l'équipage mobile à la position de repos, soit par le déplacement imprimé à cette partie de l'instrument.

Supposons qu'il s'agisse d'étalonner un dynamomètre Siemens. On le connectera en série avec un ampèremètre à courant continu qui servira d'étalon et on le graduera par comparaison, en employant, pour cette détermination, du courant continu. Le couple nécessaire pour maintenir l'équipage à sa position de repos est indiqué par un index qui se déplace sur un cadran généralement divisé en 400 parties égales. Si 1 ampère correspond à $n$ de ces divisions, on trouvera pour A ampères $n A^2$ divisions; $n$ est appelé la *constante de l'instrument*.

Lorsqu'il s'agit de mesurer des courants alternatifs, toute partie métallique placée dans le voisinage de l'équipage mobile peut introduire des erreurs très appréciables, par suite des réactions des courants qui s'y développent par induction. On s'assurera que l'appareil est exempt de défauts de ce genre en faisant momentanément traverser l'équipage mobile par un courant très intense, après avoir pris soin de mettre la bobine fixe hors circuit : on ne doit, dans ces conditions, observer aucun déplacement.

Il convient de remarquer que certains types d'ampèremètres qui comportent des pièces de fer pour renforcer leurs champs ne donnent pas des indications indépendantes de la fréquence.

Pour ces types spéciaux d'instruments, on fera l'étalonnage à l'aide d'un courant de fréquence appropriée en les comparant à un dynamomètre étalonné au préalable, comme il a été dit précédemment.

Il faudra enfin vérifier si l'ampèremètre à examiner peut être influencé par des aimants placés à proximité, et, dans le cas d'appareils à noyaux, si les indications sont les mêmes pour des courants croissants et pour des courants décroissants.

## ÉTALONNAGE D'UN AMPÈREMÈTRE POUR COURANTS ALTERNATIFS.

| OBSERVATION N° | VRAIE valeur du courant. | LECTURE de l'instrument. | ERREUR. | FRÉQUENCE. | REMARQUES. |
|---|---|---|---|---|---|
|  |  |  |  |  |  |

# DÉTERMINATION DE LA COURBE REPRÉSENTATIVE D'UN COURANT ALTERNATIF.

*Appareils nécessaires :*
*1° Un voltmètre électrostatique ;*
*2° 5o éléments d'accumulateurs de faible capacite ;*
*3° Un condensateur d'environ $\frac{1}{3}$ de microfarad.*

L'alternateur à étudier doit être préalablement muni d'un dispositif spécial permettant de fermer momentanément son circuit à un instant quelconque (*fig.* 8). Dans ce but, on fixera à l'extrémité de l'arbre un disque en ébonite d'environ 12$^{cm}$ de diamètre sur 3$^{cm}$ d'épaisseur, portant à sa périphérie une petite pièce d'acier sur laquelle les balais SS prendront simultanément contact à chaque révolution. La tige C qui porte les balais SS doit pouvoir être déplacée autour de l'axe de l'alternateur : elle doit en outre porter un index mobile vis-à-vis d'un plateau circulaire divisé G. Il est facile de concevoir qu'en déplaçant les balais, on pourra obtenir successivement les différentes valeurs instantanées de la différence de potentiel.

Supposons, par exemple, qu'on veuille déterminer la courbe de la force électromotrice d'un alternateur fonctionnant normalement sous 100 volts. On connectera en série un voltmètre électrostatique, le contact tournant et l'induit de l'alternateur ; de plus, on branchera en dérivation aux bornes du voltmètre un condensateur d'environ $\frac{1}{3}$ de microfarad de capacité. Pour une position déterminée des balais SS le voltmètre donnera la

valeur instantanée correspondante de la force électromotrice.
On tracera la courbe (*fig.* 9), en prenant comme ordonnées

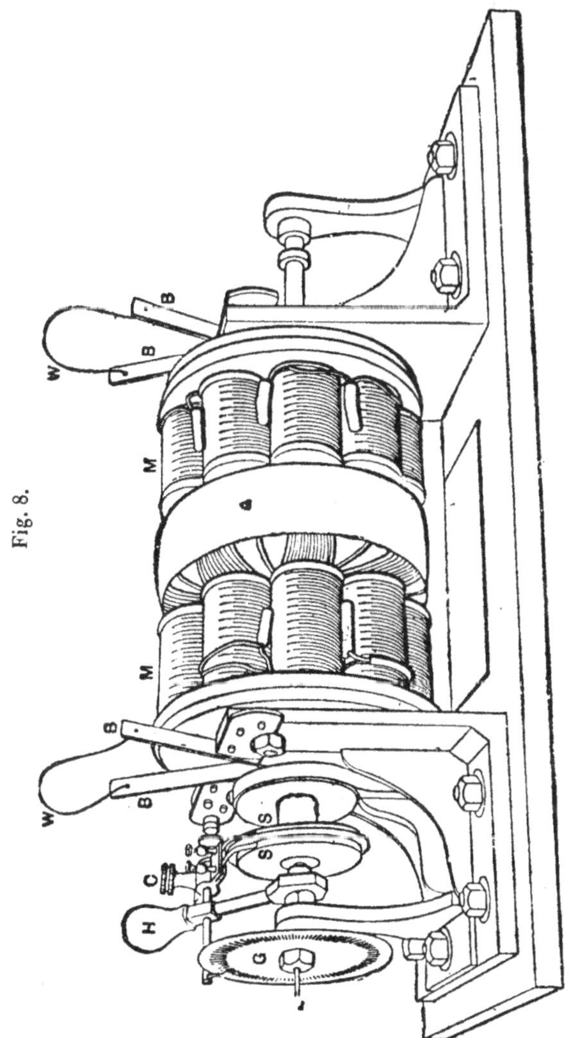



les indications du voltmètre et pour abscisses les angles lus sur
le cadran G. Pour déterminer commodément les valeurs de la
force électromotrice inférieures à 5o volts ou 6o volts que le

F.                                                              7

voltmètre n'indiquerait pas avec assez de précision, on pourra
user d'un artifice et relever le zéro de l'appareil en ajoutant en
série un certain nombre d'accumulateurs : la force électromotrice supplémentaire ainsi introduite devra, naturellement, être
mesurée à part et déduite de la lecture totale.

On obtiendra la courbe représentative du courant dans un
circuit déterminé en intercalant dans ce circuit une résistance
non inductive. On relèvera la courbe de la force électromo-

Fig. 9.

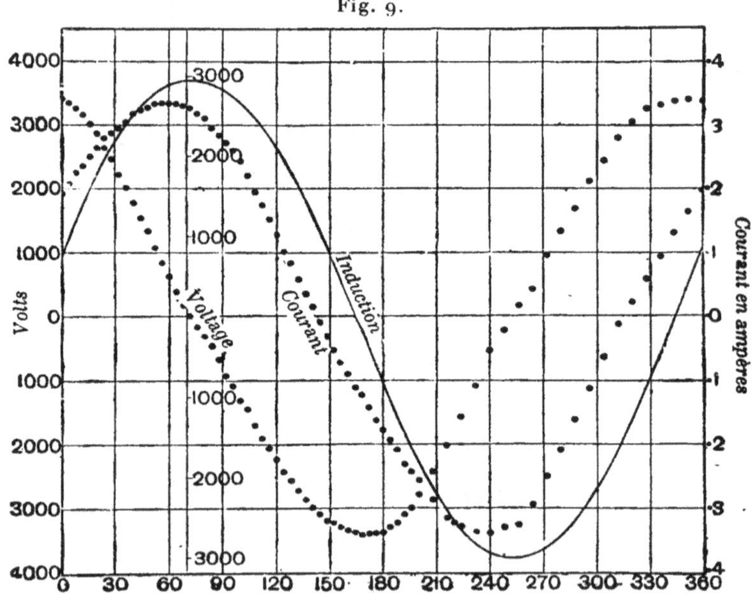


trice aux extrémités de cette résistance en procédant comme
précédemment, et l'on en déduira immédiatement celle du
courant.

Pour déterminer la courbe de la force électromotrice d'un
générateur à haute tension, on fractionnera cette tension de
façon à n'avoir à en mesurer qu'une partie. Il convient de ne
pas employer à cet effet de résistance trop grande pour éviter
d'avoir à tenir compte de la capacité du voltmètre. Par exemple,
s'il s'agit d'un alternateur de 2000 volts, on reliera ses bornes
à une résistance non inductive de 4000 à 5000 ohms et l'on

mesurera le voltage aux extrémités d'une section égale à environ au $\frac{1}{20}$ de la longueur totale.

La même méthode peut servir à la détermination de la courbe du voltage aux bornes d'un transformateur. Cette dernière courbe permet d'obtenir par intégration graphique la courbe représentative des variations du flux magnétique.

DÉTERMINATION DE LA COURBE REPRÉSENTATIVE DE LA FORCE ÉLECTROMOTRICE.

Fraction de la résistance employée........... = ohms

| OBSERVATION N° | LECTURE du disque du contact. | LECTURE du voltmètre. | FORCE électromotrice de la batterie auxiliaire. | FORCE électromotrice corrigée instantanée. | ANGLE de phase en degrés. |
|---|---|---|---|---|---|
|  |  |  |  |  |  |

DÉTERMINATION DE LA COURBE REPRÉSENTATIVE DU COURANT.

Valeur de la résistance en ohms..... = ohms

| OBSERVATION N° | LECTURE du disque du contact. | LECTURE du voltmètre. | FORCE électromotrice de la batterie auxiliaire. | FORCE électromotrice corrigée instantanée. | ANGLE de phase en degrés. |
|---|---|---|---|---|---|
|  |  |  |  |  |  |

# DÉTERMINATION DU RENDEMENT D'UN TRANSFORMATEUR.

*Appareils nécessaires :*
*1° Deux ampèremètres, dont l'un pour le courant primaire et l'autre pour le secondaire;*
*2° Deux voltmètres, l'un pour le primaire, l'autre pour le secondaire;*
*3° Un wattmètre dépourvu de self;*
*4° Un rhéostat pour régler la tension primaire.*

Nous supposerons que le circuit du secondaire ne comporte pas de self-induction : on réalisera très simplement cette condition en faisant débiter le secondaire sur un circuit ne comprenant que des lampes à incandescence. On intercalera dans ce circuit un dynamomètre et l'on connectera en dérivation à ses bornes un voltmètre approprié : dans ces conditions, la puissance dépensée dans le secondaire s'obtiendra directement en faisant le produit des volts par les ampères correspondants.

On disposera également un dynamomètre et un voltmètre pour le circuit primaire. Toutefois, comme on ne peut négliger la self de ce circuit, le produit des volts par les ampères ne donnera plus la puissance vraie, mais seulement la puissance apparente fournie au transformateur.

Pour évaluer la puissance vraie, on emploiera un wattmètre spécial dépourvu de self. La bobine de série de cet instrument doit pouvoir supporter sans échauffement le courant primaire correspondant à la pleine charge : la bobine de dérivation ne doit pas comporter plus de cinq ou six spires ; le courant de dérivation, qui doit être d'environ de 10 à 20 ampères, sera fourni par un petit transformateur auxiliaire. La construction de l'instrument doit, de plus, être telle qu'aucune pièce métallique ne se trouve dans le voisinage de l'équipage mobile.

Dans le diagramme ci-dessous (*fig.* 10) W indique le wattmètre, S la bobine de série, $S_h$ la bobine de dérivation, $T_1$ le

Fig. 10.

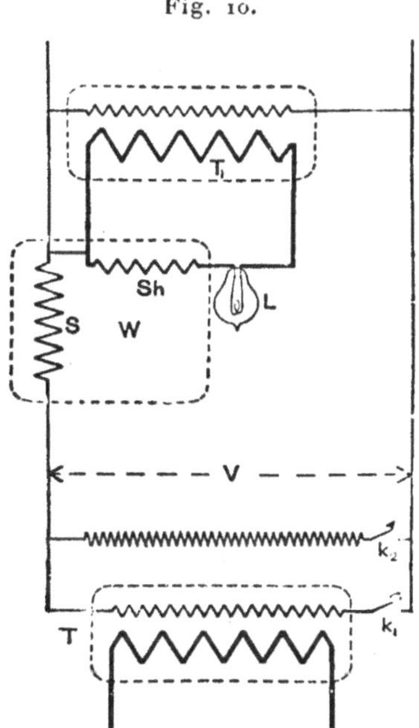


transformateur auxiliaire, T le transformateur à essayer, L des lampes en circuit avec le secondaire de $T_1$, $k_1$ et $k_2$ des interrupteurs permettant de fermer le circuit primaire soit sur le transformateur, soit sur une résistance auxiliaire sans self qui sert à déterminer la constante du wattmètre. Cette résistance auxiliaire doit comporter, sur une certaine fraction de sa longueur, une section déterminant une chute d'environ 100 volts et de diamètre tel que son échauffement reste insensible. Soient $r$ la résistance de cette section et $v$ le voltage à ses extrémités, mesuré après avoir réglé la tension primaire à sa valeur normale.

En désignant par V le voltage aux extrémités de la résistance auxiliaire totale, la puissance absorbée par ce circuit sera $V\dfrac{v}{r}$.

Soit $w$ la lecture correspondante du wattmètre; chaque division de la graduation correspondra à $\dfrac{Vv}{wr}$.

La constante du wattmètre étant ainsi déterminée, on ouvrira l'interrupteur $k_2$ et l'on fermera $k_1$.

Soit W la nouvelle indication du wattmètre; on en conclura que la puissance absorbée par le transformateur est égale à $\dfrac{WVv}{wr}$.

En divisant cette quantité par la puissance apparente on obtiendra le *facteur de puissance*.

Soient, au même moment, $A_1$ la valeur du courant secondaire et $V_1$ sa tension.

Le rendement du transformateur sera

$$e = \frac{A_1 V_1}{\dfrac{WVv}{wr}} = \frac{A_1 V_1 wr}{WVv}.$$

On déterminera ce rendement pour diverses valeurs de la charge et l'on traduira les résultats sous forme de courbes en prenant pour abscisses les pourcentages de la charge maxima, et pour ordonnées successivement les rendements en pour 100 et la perte totale; on mesurera les résistances du primaire et du secondaire et l'on calculera les pertes par effet Joule pour les divers régimes; on mesurera, d'autre part, la perte par hystérésis correspondant à la lecture du wattmètre, lorsque le circuit secondaire est ouvert, et l'on pourra vérifier que la perte totale pour une charge quelconque est égale à la somme des pertes par effet Joule et de la perte par hystérésis ainsi déterminée.

## DÉTERMINATION DU RENDEMENT D'UN TRANSFORMATEUR.

Transformateur n°    . Type    .
Puissance en kilowatts.............................. =
Résistance du circuit primaire..................... =    ohms à  ° C.
Résistance du circuit secondaire. .................. =    ohms à  ° C.
Rapport de transformation .........................
Résistance auxiliaire partielle..................... =    ohms à froid.
Volts aux bornes de la résistance auxiliaire partielle. =    volts
Puissance absorbée par la résistance auxiliaire totale . =
Constante du wattmètre............ .................... =

| OBSERVATION N° . | VOLTS primaires. | COURANT primaire. | VOLTS secondaires. | COURANT secondaire. | LECTURE du wattmètre. | WATTS fournis au primaire. | WATTS absorbés au secondaire. | RENDEMENT. |
|---|---|---|---|---|---|---|---|---|
|  |  |  |  |  |  |  |  |  |

| OBSERVATION N° . | COURANT primaire. | COURANT secondaire. | EFFET Joule dans le primaire. | EFFET Joule dans le secondaire. | PERTE par hystérésis. | PERTE totale. | POURCENTAGE de charge. |
|---|---|---|---|---|---|---|---|
|  |  |  |  |  |  |  |  |

# DÉTERMINATION DU RENDEMENT
# D'UN ALTERNATEUR (¹).

*Appareils nécessaires :*

*1° Un moteur à courant continu, de puissance égale à celle de l'alternateur à essayer ;*

*2° Une résistance non inductive capable de supporter la charge totale ;*

*3° Un ampèremètre et un voltmètre pour le circuit du moteur,*

*4° Un ampèremètre et un voltmètre pour le circuit de l'alternateur.*

Pour déterminer la puissance absorbée par l'alternateur, on l'actionnera à l'aide d'un moteur à courant continu, dont on aura préalablement établi la courbe de rendement en fonction du nombre de watts fournis. Cette détermination préalable peut se faire soit par la méthode du frein (p. 57), soit encore par la méthode d'Hopkinson dans le cas où l'on dispose de deux moteurs identiques (*voir* p. 132).

S'il n'est pas possible d'accoupler directement le moteur à l'alternateur et si l'on est forcé de recourir à l'emploi d'une courroie, il faudra tenir compte du rendement de cet organe : pour déterminer approximativement ce rendement, on montera la poulie de l'alternateur sur un arbre muni d'un frein, en prenant soin de donner à la tension de la courroie et à la

---

(¹) *Voir* Appendice.

vitesse du moteur les valeurs qu'elles doivent avoir pour entraîner l'alternateur à sa vitesse normale : Connaissant la puissance fournie par le moteur et la puissance absorbée par le frein, on en déduira le rendement de la transmission. Le coefficient ainsi déterminé permettra de tenir compte à la fois des pertes dues au glissement et de celles qui sont relatives à la raideur de la courroie.

DÉTERMINATION DU RENDEMENT D'UN ALTERNATEUR.

Alternateur n°      . Type                         .
Résistance de l'armature à chaud............  $=$   ohms
Résistance de l'inducteur....................  $=$
Nombre de pôles.............................  $=$
Fréquence..................................  $=$
Vitesse normale............................  $=$
Courant normal d'excitation $= a$............  $=$   ampères
Voltage de l'excitatrice $= v$................  $=$   volts
Charge normale........... ................  $=$   watts

| OBSERVATION N° | COURANT fourni au moteur $A_1$. | VOLTS aux bornes du moteur $V_1$. | COURANT fourni par l'alternateur $A_2$. | VOLTS aux bornes de l'alternateur $V_1$. | VITESSE en tours par minute. | RENDEMENT $e$. |
|---|---|---|---|---|---|---|
| | | | | | | |

Désignons par $a$ le courant fourni à l'inducteur de l'alternateur et par $v$ le voltage aux bornes de l'inducteur. La puissance absorbée par l'excitation est égale à $av$.

Soient $V_1$ le voltage aux bornes du moteur et $A_1$ le courant absorbé (y compris le courant d'excitation).

Connaissant le rendement correspondant du moteur, ainsi que le rendement de la transmission, on déduira de la puissance absorbée $A_1V_1$ la puissance P transmise à l'arbre de l'alternateur.

Soient $V_2$ le voltage aux bornes de ce dernier et $A_2$ le courant qu'il fournit.

Le rendement cherché sera

$$e = \frac{A_2 V_2}{P + av}.$$

On déterminera $e$ pour différentes valeurs de $A_2$ et l'on tracera une courbe ayant pour abscisses les valeurs successives de $A_2 V_2$ et pour ordonnées les valeurs correspondantes de $e$.

Si les appareils employés ne sont pas indépendants de la fréquence, ils devront être étalonnés pour la fréquence considérée.

# DÉTERMINATION DE L'INTENSITÉ LUMINEUSE SPHÉRIQUE MOYENNE D'UNE LAMPE A ARC.

*Appareils nécessaires :*
1° *Un banc photométrique muni d'un miroir ;*
2° *Un photomètre ;*
3° *Une lampe à incandescence étalon ;*
4° *Un ampèremètre et un voltmètre.*

Il est très difficile de comparer directement l'éclairement produit par un arc à celui que produit soit une flamme de gaz, soit une lampe à incandescence ordinaire : les différences de coloration sont telles qu'il est presque impossible, surtout pour un œil peu exercé à ce genre de recherches, d'obtenir avec quelque précision l'équilibre photométrique. On tourne généralement la difficulté en interposant des écrans colorés, mais cette façon de procéder ne présente, en pratique, aucune valeur. Il est préférable d'employer comme étalon une lampe à incandescence *poussée* à 2 watts ou 2 watts $\frac{1}{2}$ par bougie ; la coloration de la lumière obtenue dans ces conditions se rapproche de celle de l'arc. Pour éviter le noircissement rapide de l'ampoule, il conviendra de la choisir de dimensions telles que la distance du filament à l'enveloppe soit de $12^{cm}$ à $15^{cm}$. Cet étalon secondaire devra d'ailleurs être fréquemment comparé à une lampe étalon fonctionnant dans les conditions normales, soit sous 3 à 4 watts.

A défaut d'appareil plus perfectionné, on peut employer le photomètre de Trotter : il se compose de deux plaques métalliques peintes en blanc mat, placées de manière à faire entre elles un angle de 80° à 90° : ces plaques sont percées d'un ou plusieurs trous et placées verticalement sur le banc, de telle façon que les rayons émanant de l'un des foyers frappent l'une d'elles sur sa face externe (par rapport à l'angle aigu qu'elles forment), tandis que les rayons émanés de la seconde source frappent sous le même angle la face interne de la seconde plaque.

En regardant du côté de la plaque éclairée par sa surface externe, on verra également la seconde plaque, grâce aux ouvertures ménagées à cet effet. Lorsque les éclairements sont égaux, ces ouvertures deviennent invisibles.

La lampe à arc devra être suspendue à l'aide d'un dispositif tel qu'il soit possible de lui faire décrire un demi-cercle autour de l'axe du banc : le miroir placé au centre de ce cercle devra pouvoir tourner autour du même axe et suivre les déplacements de la lampe; l'angle du miroir et de l'axe doit être égal à 45°. Le coefficient de réflexion sera déterminé, comme il a été dit précédemment (*voir* p. 52).

Les rayons réfléchis par le miroir seront photométrés, à l'aide d'une lampe *poussée,* construite comme nous l'avons exposé plus haut. On devra prendre soin de disposer des écrans empêchant les rayons émanés de l'arc de frapper directement le photomètre. Soient I l'intensité fournie sous une inclinaison déterminée, $\dfrac{\alpha}{100}$ le coefficient de réflexion du miroir, $i$ l'intensité de l'étalon et D et $d$ les distances respectives de l'arc et de l'étalon au photomètre.

On a

$$\frac{I\,\dfrac{\alpha}{100}}{D^2} = \frac{i}{d^2},$$

d'où

$$I = i\,\frac{D^2}{d^2}\,\frac{100}{\alpha}.$$

Pendant qu'un observateur effectue la mesure photométrique, un aide doit relever la puissance électrique absorbée :

Pour mesurer le voltage, on fixera sur les charbons deux

pinces à environ $4^{cm}$ à $5^{cm}$ de l'arc : l'ampèremètre doit être connecté de façon à ne pas tenir compte du courant absorbé par le réglage.

L'intensité lumineuse sera ainsi mesurée pour différentes

Fig. 11.

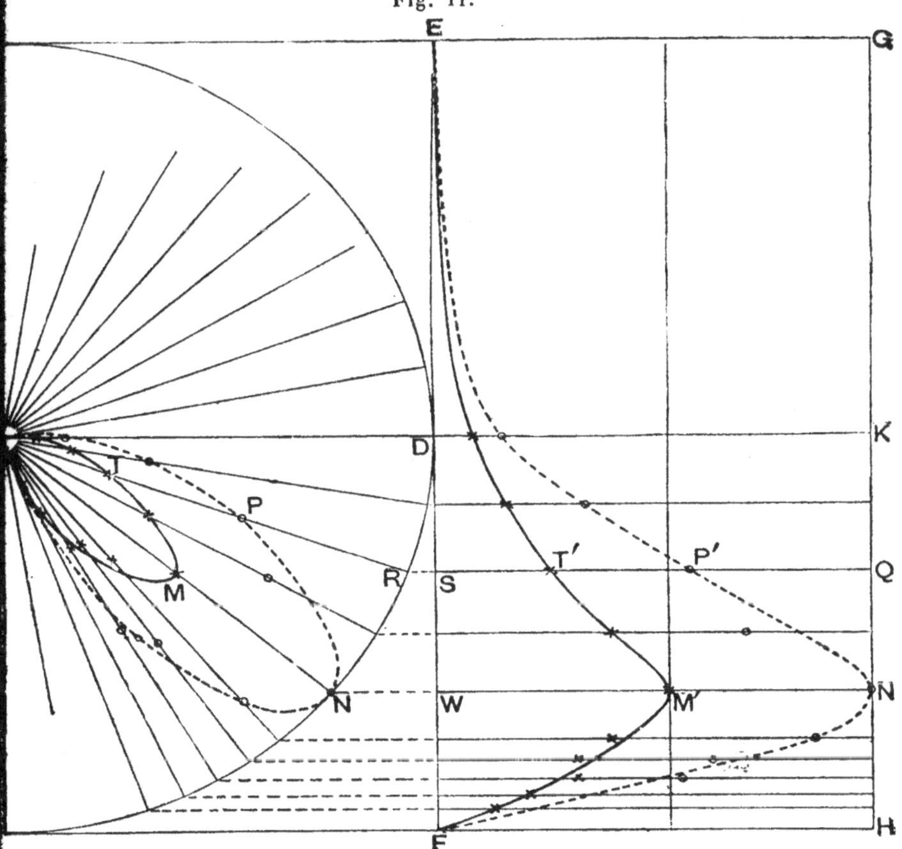

directions faisant entre elles des angles successifs croissants de 10° en 10°. On tracera l'épure des résultats en portant à partir d'un point A (*fig.* 11), sur les différentes directions AM, AP, etc., faisant avec la verticale AC des angles égaux à des multiples de 10°, des longueurs proportionnelles aux intensités lumineuses correspondant à ces directions.

Pour en déduire l'intensité moyenne sphérique on projettera sur la verticale EDF les points de rencontre des rayons AM, AR, etc., avec le cercle ayant A pour centre et pour rayon la valeur AN de l'intensité maxima. A partir des points ainsi obtenus, on élèvera des perpendiculaires WN′, SP′, etc. à EDF égales respectivement à AN, AP, etc. On évaluera, à l'aide du planimètre, la surface EDFW′P′.

Soit $s$ la surface trouvée, on mesurera également l'aire S du rectangle EFHN′G. L'intensité moyenne sphérique sera égale à $\text{AN}\,\dfrac{s}{S}$.

DÉTERMINATION DE L'INTENSITÉ MOYENNE SPHÉRIQUE D'UN ARC.

| OBSER- VATION N° | NOMBRE de bougies de l'étalon. | DISTANCE de l'étalon. | DISTANCE de l'arc. | NOMBRE de bougies de l'arc. | ANGLE de la direction des rayons avec l'horizontale. | AMPÈRES. | VOLTS. | PUIS- SANCE dépen- sée. |
|---|---|---|---|---|---|---|---|---|
| | | | | | | | | |

# MESURE DES GRANDES RÉSISTANCES
# ET DES RÉSISTANCES D'ISOLEMENT.

*Appareils nécessaires :*
*1° Un galvanomètre sensible, à bobine mobile ;*
*2° Un mégohm étalon ;*
*3° Une batterie de 200 accumulateurs de faible capacité.*

Parmi les nombreuses méthodes proposées pour la mesure des grandes résistances, aucune n'est susceptible de donner, en pratique, des résultats aussi satisfaisants que la méthode directe qui consiste à déterminer la valeur du courant produit à travers la résistance à mesurer par une différence de potentiel donnée.

Supposons, tout d'abord, qu'on ait à déterminer la résistance kilométrique d'isolement d'un câble. On commencera par mesurer la longueur du câble : s'il est difficile de procéder à une mesure directe, on pèsera le câble et l'on déduira sa longueur totale du poids d'une section de longueur connue.

A chaque extrémité, et sur une longueur d'environ 1 mètre, on dépouillera le câble de ses enveloppes protectrices : on laissera toutefois subsister la gaine isolante de gutta ou de caoutchouc.

La bobine sera ensuite plongée entièrement, à l'exception de ses extrémités, dans une cuve remplie d'eau à la température de 40°; on l'y laissera séjourner vingt-quatre heures environ.

On devra prendre grand soin d'assujettir les bouts libres, de façon qu'ils restent bien secs. On les dégarnira de leur enveloppe isolante sur une longueur d'environ 3$^{cm}$ et l'on reliera ensemble les deux extrémités de l'âme.

Le galvanomètre sera mis en station et le dispositif optique réglé de telle sorte qu'on obtienne une image très nette.

La batterie devra être isolée sur des supports d'ébonite ; l'une de ses extrémités sera mise en contact avec la cuve et l'autre avec l'une des bornes du galvanomètre : on complétera le circuit en reliant la seconde borne à l'âme du câble. On placera un interrupteur entre la batterie et la cuve.

Pour déterminer la constante du galvanomètre, on substituera momentanément le mégohm étalon à la résistance inconnue, en le connectant en série avec le galvanomètre et la batterie. On fera varier le nombre d'éléments de cette dernière jusqu'à ce que la déviation obtenue puisse être estimée au $\frac{1}{100}$. On mesurera à l'aide d'un appareil électrostatique le voltage V qui est fourni par la batterie, lorsque cette condition se trouve remplie. Soit $d$ la déviation correspondante. On en déduit que $d$ divisions de la graduation correspondent à un courant de $\frac{V}{10^6}$ ampères.

On rétablira les connexions primitives avec la cuve et le câble, et, pour s'assurer que le câble ne présente pas de défauts, on ne le soumettra, tout d'abord, qu'à la tension d'un ou deux éléments : s'il est reconnu sain, on augmentera progressivement le voltage jusqu'à ce que la nouvelle déviation $d_1$ soit comparable à $d$ ; la tension employée ne doit pas être moindre que 400 volts. Désignons par $V_1$ ce voltage. La résistance cherchée R aura pour valeur en mégohms

$$R = \frac{V_1 d}{V d_1}.$$

On s'assurera que la batterie est bien isolée en supprimant la connexion avec la cuve et en observant le galvanomètre ; s'il n'y a pas de dérivation provenant d'un défaut d'isolement, l'aiguille doit, dans ces conditions, rester au zéro.

Les bornes du galvanomètre doivent être temporairement réunies par un court-circuit au moment où l'on lance le courant ; si l'on ne prenait pas cette précaution, l'appareil pourrait être détérioré par le courant de charge qu'absorbe la capacité du câble.

On remarquera assez souvent que, le câble une fois chargé, la déviation décroît graduellement en fonction du temps. Cet effet est dû à un accroissement lent de la résistance du diélectrique sous l'action du courant. On détermine généralement la résistance après une minute d'électrification, bien que pour certains diélectriques la résistance continue à décroître pendant un temps beaucoup plus long. La résistance du diélectrique varie également avec la température; sa mesure doit donc être faite à une température déterminée; on adopte généralement $40°$ C.

Les résultats trouvés seront traduits par la valeur de la résistance kilométrique exprimée en mégohms.

Pour l'essai d'une installation intérieure, il suffit d'employer une tension de 100 volts : tous les commutateurs doivent être fermés et les lampes retirées de leurs douilles.

La résistance doit être évaluée séparément pour chacun des conducteurs.

Diverses règles ont été proposées pour les conditions d'isolement que doivent remplir les installations intérieures.

La Compagnie d'assurance *Phœnix* exige $12^{\text{mégohms}},5$ par lampe à courant continu et le double par lampe à courants alternatifs.

L'*Institution of Electrical Engineers* limite le courant de perte à $\frac{1}{5000}$ du courant total.

Différents secteurs adoptent, d'autre part, de 10 à 100 mégohms par lampe.

L'état hygrométrique de l'atmosphère a une grande influence sur la valeur de la résistance totale; car l'humidité qui peut se déposer sur les interrupteurs, les coupe-circuits, les douilles ou tout autre appareil où le conducteur est à nu, crée des dérivations très appréciables.

Les conducteurs destinés à être utilisés sous 100 volts ne doivent pas avoir une résistance inférieure à 175 mégohms par kilomètre : pour les câbles destinés à être utilisés sous 2000 volts, on doit exiger 2000 à 3000 mégohms par kilomètre.

## MESURE DE LA RÉSISTANCE D'ISOLEMENT D'UN CABLE.

Longueur du câble............................. =
Durée de l'immersion........................... =
Mesures prises après une minute d'électrification. =

| OBSERVATION N° | DÉVIATION du galvanomètre correspondant à la résistance étalon. | VOLTAGE de la batterie $V_1$. | VALEUR de la résistance étalon. | DÉVIATION du galvanomètre correspondant à la résistance du câble. | VOLTAGE de la batterie $V_2$. | RÉSISTANCE du câble. | SPÉCIFICATION du câble. |
|---|---|---|---|---|---|---|---|
| | | | | | | | |

# DÉTERMINATION DU RENDEMENT D'UNE BATTERIE D'ACCUMULATEURS.

*Appareils nécessaires :*
1° *Un potentiomètre;*
2° *Un galvanomètre;*
3° *Un étalon de faible résistance, capable de supporter le courant maximum de la batterie;*
4° *Un rhéostat à variations continues;*
5° *Une résistance de décharge.*

*Pour les mesures industrielles, les mesures de l'intensité et de la tension pourront être faites directement : le potentiomètre, le galvanomètre et la résistance étalon seront alors remplacés par un voltmètre et un ampèremètre.*

Nous supposerons connues les réactions chimiques qui entrent en jeu lors de la charge ou de la décharge des éléments secondaires.

Pour déterminer le nombre d'ampèreheures fournis à la batterie, on mesurera l'intensité du courant de charge à intervalles réguliers et l'on intégrera la surface limitée par la courbe obtenue en portant comme abscisses les temps et comme ordonnées les valeurs correspondantes du courant. Pour déterminer le nombre de wattheures absorbés, on procédera d'une façon analogue.

Le même procédé sera également employé pour la détermination des ampèreheures et des wattheures fournis par le courant de décharge.

Le rapport entre le nombre d'ampèreheures restitués et le nombre d'ampèreheures fournis définira le rendement en quantité.

Le rapport analogue pour les wattheures définira le rendement en énergie.

Le rendement en quantité dépend des régimes antérieurs auxquels la batterie a été soumise et de la valeur du courant de décharge : il est généralement d'autant moins élevé que le courant de décharge est plus intense.

Le voltage nécessaire à la charge d'un élément est forcément supérieur à la force contre-électromotrice qu'il développe : sa valeur moyenne est d'environ $2^{volts},5$. On peut en déduire immédiatement que le rendement en énergie ne saurait dépasser 80 pour 100, et, en pratique, on constate qu'il est souvent beaucoup moins élevé.

Avant de commencer l'essai de la batterie, on pèsera les électrodes, on mesurera leurs surfaces et l'on pèsera également les récipients et l'électrolyte. Puis on déchargera complètement la batterie.

On procédera ensuite à la charge, après avoir intercalé dans le circuit un ampèremètre et un rhéostat. On chargera jusqu'à ce qu'il se produise un dégagement de bulles gazeuses. La charge et la décharge seront répétées plusieurs fois en faisant varier chaque fois, à l'aide du rhéostat, le courant de décharge. On déduira des observations relevées la capacité en ampèreheures par kilogramme de plomb et la capacité par décimètre carré d'électrode positive. On représentera par des courbes la variation des rendements en fonction du régime de décharge.

Pour des éléments de grande capacité, on effectuera les mesures de l'intensité et du voltage à l'aide du potentiomètre.

A la fin des essais, on déterminera à nouveau le poids des plaques et l'on en déduira la perte par désagrégation.

On prendra également soin d'examiner attentivement les électrodes et de noter leurs déformations éventuelles.

Pendant la décharge, on supprimera de temps en temps le courant et l'on mesurera le voltage de la batterie à circuit ouvert.

Cette observation permettra de calculer (ainsi que nous

l'avons vu précédemment, p. 4o) la résistance intérieure de la batterie correspondant à un régime de décharge déterminé.

Il est impossible d'utiliser aux applications pratiques le courant fourni par la batterie lorsque son voltage tombe au-dessous de $1^{volt},9$ par élément. Lorsqu'on aura atteint cette limite, on pourra donc considérer la décharge comme complète.

DÉTERMINATION DU RENDEMENT D'UNE BATTERIE D'ACCUMULATEURS.

Type d'accumulateurs
Poids total des électrodes...................... ...   =   $^{gr}$
Poids des récipients et de l'électrolyte.......... .   =   $^{gr}$
Surface totale des électrodes positives........... =   $^{cq}$

| OBSER-VATION N°  | CHARGE. | | | DÉCHARGE. | | | |
|---|---|---|---|---|---|---|---|
| | Ampères. | Volts. | Temps. | Ampères. | Volts. | Temps. | RÉSISTANCE intérieure. |
| | | | | | | | |

| OBSER-VATION N° | CHARGE. | | DÉCHARGE. | | RENDEMENT | |
|---|---|---|---|---|---|---|
| | Ampère-heures. | Watt-heures. | Ampère-heures. | Watt-heures. | en quantité. | en énergie. |
| | | | | | | |

## ÉTALONNAGE D'UN COMPTEUR.

*Appareils nécessaires :*
*1° Un ampèremètre et un voltmètre soigneusement étalonnés au préalable à l'aide du potentiomètre;*
*2° Une batterie d'accumulateurs de capacité appropriée à celle du compteur.*

Les compteurs d'électricité peuvent être rangés en deux grandes classes : les ampèreheures-mètres et les wattheures-mètres.

Parmi les premiers, on distingue encore les appareils à enregistrement direct, et ceux dont les indications ne sont fournies que par une pesée ou une mesure auxiliaire (comme dans le premier type d'Édison).

Après avoir disposé convenablement l'appareil, on le branchera sur un circuit local auxiliaire comportant un certain nombre de lampes qu'on pourra allumer ou éteindre à volonté. On intercalera dans le circuit un ampèremètre et l'on connectera un voltmètre aux bornes. On relèvera les indications simultanées de ces appareils à intervalles réguliers pendant un certain nombre d'heures et l'on intégrera les surfaces limitées par les courbes représentant les ampères ou les watts, en fonction du temps. Les résultats ainsi obtenus seront comparés aux lectures relevées directement sur le compteur.

Cet étalonnage sera répété pour différentes valeurs du courant, en maintenant chaque fois le courant aussi constant que possible pendant toute la durée de l'expérience, puis pour un courant d'intensité variable.

S'il s'agit d'un courant alternatif, les appareils employés devront être choisis en conséquence.

L'étalonnage proprement dit ne suffit pas à définir la valeur
d'un système de compteur ; il faut encore s'assurer qu'il rem-
plit certaines conditions qu'on peut résumer ainsi qu'il suit :

Les indications fournies par l'appareil ne doivent pas être in-
fluencées par la présence d'un aimant placé dans son voisinage.

Si l'appareil comporte des circuits dérivés constants ou mo-
mentanés, la consommation de ces circuits doit être très faible,
car sa totalisation peut atteindre une valeur élevée. Par
exemple, si l'appareil fonctionne sous 100 volts, $\frac{1}{100}$ d'ampère
passant continuellement dans les circuits dérivés correspondra à une perte totale annuelle de 87 hectowatts, soit, au taux
moyen de $0^{fr},08$ l'hectowatt, à une perte de $7^{fr}$ par an.

L'appareil doit démarrer sous faible charge. Un compteur
construit pour 25 ampères doit totaliser à partir de $0^{ampère},3$.
Quelle que soit la capacité, il doit être impossible d'allumer
une seule lampe de 10 bougies sans provoquer le démarrage.

Si le compteur contient un mouvement d'horlogerie, il conviendra d'en faire un examen spécial.

D'autres conditions, impossibles à indiquer d'une façon
générale, doivent être exigées suivant le type de compteur.

L'essai au laboratoire ne donne, au reste, qu'une indication
souvent insuffisante (certains appareils sont, par exemple,
sujets à de brusques arrèts par suite de l'oxydation des pièces
établissant un contact intermittent).

Un bon compteur doit présenter un caractère d'appareil
industriel, et l'on ne peut se prononcer sur la valeur d'un système qu'après un usage continu, dans les conditions d'emploi
pratique, d'une durée de plusieurs mois.

ÉTALONNAGE D'UN COMPTEUR.

| OBSER-VATION N°. | LECTURE du compteur au début de l'expé-rience. | AMPÈRES. | VOLTS. | TEMPS. | LECTURE du compteur à la fin de l'expé-rience. | VALEUR vraie de l'énergie ou du courant absorbé. | ERREUR du compteur. |
|---|---|---|---|---|---|---|---|
|  |  |  |  |  |  |  |  |

# DÉTERMINATION DE LA COURBE D'HYSTÉRÉSIS
## D'UN ÉCHANTILLON DE FER.

*Appareils nécessaires :*
1° *Un magnétomètre;*
2° *Un solénoïde de grande longueur;*
3° *Un ampèremètre, un rhéostat et un commutateur inverseur.*

On sait que si l'on fait varier la force magnétisante entre deux limites égales en valeurs absolues et dont l'une est positive et l'autre négative, on obtient deux branches de courbes distinctes pour la représentation de l'induction. L'une de ces branches correspond aux valeurs croissantes de la force magnétisante, l'autre aux valeurs décroissantes. Leur ensemble constitue un *cycle magnétique.* Ce phénomène est dû à l'hystérésis et la courbe définie précédemment a reçu le nom de *courbe d'hystérésis.*

Pour tracer la courbe d'hystérésis, on procédera de la façon suivante :

Sur un tube de carton d'environ $1^m,20$ de longueur et de $3^{cm}$ de diamètre, on enroulera deux bobines distinctes comportant respectivement six couches et une couche de fils de $0^{mm},12$.

La première bobine servira de solénoïde magnétisant, la seconde servira à compenser, au besoin, la composante verticale du champ terrestre.

On réalisera un magnétomètre très simple à l'aide d'un faisceau de trois ou quatre petits aimants (fragments de ressorts de montre, d'environ $7^{mm}$ de long) supporté par un fil de cocon muni d'un miroir concave.

On fixera le magnétomètre vis-à-vis du solénoïde, en le plaçant à $25^{cm}$ environ de l'axe du solénoïde et à $30^{cm}$ de son extrémité supérieure.

On disposera une lampe munie d'un dispositif à fente étroite, de façon à obtenir, par réflexion, une image nette sur une échelle placée à environ $1^{m}$.

On compensera l'effet du solénoïde lui-même à l'aide d'une petite bobine auxiliaire traversée par le même courant.

On introduira l'échantillon à examiner dans le solénoïde, on observera la déviation produite par un courant de faible intensité et, en déplaçant l'échantillon, on déterminera la position pour laquelle la déviation est maxima.

Enfin, on observera les déviations correspondant à diverses valeurs du courant qu'on fera varier de façon à obtenir une série de cycles magnétiques complets.

On peut déduire immédiatement de ces observations la forme générale des cycles.

Cherchons à déterminer en unités absolues les valeurs de l'induction et de la force magnétisante. Soient N le nombre de spires du solénoïde, L sa longueur, A l'intensité du courant en ampères et $\mathcal{H}$ la force magnétisante; on a

$$\mathcal{H} = \frac{4\pi}{10}\frac{NA}{L}.$$

A la quantité $\mathcal{H}$ ainsi déterminée, il conviendra d'ajouter algébriquement la valeur de la composante verticale du magnétisme terrestre.

Soient, d'autre part, $m$ la masse magnétique de l'un des pôles développés aux extrémités du barreau de fer (qu'on suppose avoir une longueur égale au moins à quatre cents fois son diamètre), $l$ sa longueur, $s$ sa section et I l'intensité d'aimantation. On a

$$I = \frac{ml}{ls}.$$

Désignons par $\mathfrak{w}$ l'induction au centre du barreau,

$$\mathfrak{w}s = 4\pi m = 4\pi I s,$$

d'où

$$\mathfrak{w} = 4\pi I$$

et

$$m = I s = \frac{\mathfrak{w}}{4\pi} s.$$

Supposons que le pôle supérieur soit dans le plan horizontal qui contient l'aiguille du magnétomètre, et soient OP et $OP_1$ les distances du pôle supérieur et du pôle inférieur à l'aiguille : la force magnétique $\mathfrak{F}$, qui agit sur celle-ci dans le plan horizontale, sera égal à

$$\mathfrak{F} = \frac{m}{(\mathrm{OP})^2} - \frac{m}{(\mathrm{OP_1})^2} \times \frac{\mathrm{OP}}{\mathrm{OP_1}}.$$

L'appareil étant disposé de telle sorte que ce champ soit perpendiculaire à la composante horizontale terrestre H, désignons par $\theta$ l'angle de déviation observé. On a

$$\mathrm{H}\, \mathrm{tang}\, \theta = \frac{\mathfrak{w}}{4\pi} s \left( \frac{1}{(\mathrm{OP})^2} - \frac{\mathrm{OP}}{(\mathrm{OP_1})^3} \right)$$

et $\mathfrak{w}$ se trouve ainsi déterminé en fonction de quantités faciles à mesurer.

L'expérience doit être faite dans une salle spéciale, ne contenant aucune pièce de fer susceptible de fausser les mesures.

On peut utiliser, comme nous l'avons dit au début, la seconde bobine pour éviter la correction relative à la composante verticale terrestre : dans ce but, on ramènera d'abord le barreau à l'état neutre, en faisant passer dans le solénoïde principal un courant alternatif décroissant graduellement jusqu'à zéro, puis on réglera l'intensité du courant dans la bobine de correction, de telle façon que le magnétomètre ne soit plus influencé par un petit déplacement du barreau.

Si $\mathfrak{w}$ et $\mathcal{H}$ sont évalués en unités absolues, l'aire circonscrite par le cycle d'aimantation donnera, en unités absolues, la perte par hystérésis.

DÉTERMINATION DE LA COURBE D'HYSTÉRÉSIS D'UN ÉCHANTILLON DE FER.

Longueur du barreau............................ = cm
Diamètre du barreau............................ = mm
Distance du magnétomètre à l'échelle $d$.......... = cm
Nombre de tours du solénoïde principal = N..... = tours
Longueur du solénoïde principal = L............ = cm
Composante horizontale terrestre = H............ =
Composante verticale terrestre = V.......... .... =

| OBSER- VATION N° | DÉVIATION de la tache lumineuse $x$. | TANGENTE de l'angle de déviation tang θ $\left(\dfrac{x}{d} = \tan 2\theta\right)$ | AMPÈRES dans le solénoïde principal. | VALEUR de $\dfrac{4\pi}{10}\dfrac{AN}{L}$. | VALEUR de H tang θ. | VALEUR de V. | VALEUR calculée de $\mathfrak{V}$. |
|---|---|---|---|---|---|---|---|
| | | | | | | | |

# DÉTERMINATION DE LA PERTE DUE
# A L'HYSTÉRÉSIS.

*Appareils nécessaires :*
*1° Un voltmètre électrostatique ;*
*2° Un alternateur dont on doit pouvoir faire varier la vitesse ;*
*3° Un dynamomètre Siemens.*

Pour déterminer la perte par hystérésis, on construira un petit transformateur, en employant pour le noyau la tôle à essayer. On découpera un certain nombre de bandes ayant de $3^{cm}$ à $5^{cm}$ de large et $40^{cm}$ à $50^{cm}$ de long ; on pèsera ces bandes, puis on en formera quatre paquets égaux, en prenant soin de séparer les tôles à l'aide de feuilles de papier ; on ficellera ces paquets en laissant libres les extrémités sur une longueur de $3^{cm}$ à $5^{cm}$. Sur chaque paquet on glissera deux solénoïdes bobinés sur un tube de carton, comportant chacun environ vingt tours de fils de $1^{mm},6$ par centimètre de longueur. Les paquets seront ensuite assemblés suivant les côtés d'un carré ; on prendra soin d'entre-croiser les tôles aux extrémités, et de les serrer fortement de façon à assurer un bon joint magnétique.

On mesurera la longueur moyenne du circuit magnétique et l'on en déduira le nombre de spires par centimètre ; on calculera également la section S du circuit magnétique au centre des paquets. On connectera les solénoïdes par séries de quatre et l'on constituera ainsi les deux circuits primaire et secondaire du petit transformateur.

On mesurera la résistance ohmique du primaire et l'on s'assurera qu'il est bien isolé du secondaire.

On disposera un électromètre statique, de façon à pouvoir évaluer alternativement le voltage aux extrémités du primaire et du secondaire, et l'on reliera le primaire à travers un dynamomètre Siemens aux bornes d'un alternateur.

On suppose constante la fréquence du courant.

Soient $e_1$ la valeur instantanée de la différence de potentiel aux bornes du primaire, $e_2$ la quantité correspondante pour le secondaire, $N_1$ et $N_2$ les nombres de spires de chaque circuit, $i$ la valeur instantanée du courant primaire et $b$ la valeur instantanée de l'induction. On a

$$N_1 S \frac{db}{dt} + ri = e_1,$$

$$N_2 S \frac{db}{dt} = e_2,$$

d'où

$$\frac{N_1}{N_2} e_2 = e_1 - ri.$$

En élevant au carré les deux membres de cette équation, puis multipliant chacun d'eux par $dt$, on obtient

$$\left(\frac{N_1}{N_2}\right)^2 e_2^2 = e_1^2 + r^2 i^2 - 2 r e_1 i$$

et

$$e_1 i\, dt = \frac{1}{2} ri^2\, dt + \frac{1}{2r} e_1^2\, dt - \left(\frac{N_1}{N_2}\right)^2 \frac{1}{2r} e_2^2\, dt.$$

Retranchons $ri^2\, dt$ à chaque membre, il vient

$$e_1 i\, dt - ri^2\, dt = \frac{1}{2r} e_1^2\, dt - \left(\frac{N_1}{N_2}\right)^2 \frac{1}{2r} e_2^2\, dt - \frac{1}{2r} ri^2\, dt.$$

Sous cette forme, on voit que le premier membre représente la valeur instantanée de la perte par hystérésis. Intégrons et représentons par $H$ la perte moyenne et par $E_1$, $E_2$, $I_1$ les valeurs efficaces des quantités $e_1$, $e_2$, $i$. On obtient

$$H = \frac{1}{2r} E_1^2 - \frac{1}{2r}\left(\frac{N_1}{N_2}\right)^2 E_2^2 - \frac{1}{2} rI^2,$$

$E_1$, $E_2$, I sont les valeurs lues directement sur les appareils.

Si l'on fait $N_1 = N_2$, l'expression de H se réduit à

$$H = \frac{1}{2r}\left(E_1^2 - E_2^2\right) - \frac{1}{2}\,r\,I^2.$$

En supposant que le courant suive la loi sinusoïdale, on peut déterminer très facilement la valeur maxima $\mathcal{B}$ de l'induction. On a alors, en effet,

$$b = \mathcal{B}\sin pt$$

($p$ étant égal au produit de la fréquence par $2\pi$).

On en tire

$$\frac{db}{dt} = p\,\mathcal{B}\cos pt,$$

ou

$$e_2 = N_2\,S\,p\,\mathcal{B}\cos pt,$$

d'où

$$\mathcal{B} = \frac{E_2\sqrt{2}}{N_2\,S\,p}.$$

DÉTERMINATION DE LA PERTE DUE A L'HYSTÉRÉSIS.

Épaisseur des tôles .................................. $=$    mm

Poids total de fer ................................... $=$    gr

Section du circuit magnétique .................... $=$

Nombre de spires primaires $= N_1$ ............... $=$    tours

Nombre de spires secondaires $= N_2$ ............. $=$

Fréquence $= n$ ..................................... $=$

Résistance du circuit primaire $= r$ .............. $=$    volts

Valeur de $p = 2\pi n$ ............................... $=$

| OBSERVATION N° | VOLTS efficaces primaires $E_1$. | VOLTS efficaces secondaires $E_2$. | COURANT primaire I. | INDUCTION maxima $\mathcal{B}$. | PERTE totale par hystérésis H. | PERTE par kilogramme de tôles. |
|---|---|---|---|---|---|---|
|  |  |  |  |  |  |  |

On fera varier la valeur du courant primaire et l'on détermi-

nera chaque fois $\mathfrak{v}\flat$ et H. On déduira de la connaissance de H
la perte par kilogramme de tôle et l'on tracera une courbe, en
portant en ordonnées la perte ainsi calculée et en abscisses les
valeurs de $\mathfrak{v}\flat$ correspondantes.

La forme de l'équation qui donne H montre qu'il faut déterminer avec grand soin les valeurs de $E_1$ et de $E_2$.

# DÉTERMINATION DE LA CAPACITÉ
## D'UN CABLE CONCENTRIQUE.

*Appareils nécessaires :*
1° *Un condensateur étalon ;*
2° *Un galvanomètre balistique ;*
3° *Une batterie d'accumulateurs comportant environ* 5o *éléments ;*
4° *Des clefs Sabine.*

Un câble possède trois propriétés caractéristiques qui sont : 1°.sa résistance ohmique, fonction de la qualité du métal employé et de la section du conducteur ; 2° sa self-induction, fonction de la disposition des conducteurs et de la perméabilité magnétique de la gaine protectrice ; 3° sa capacité, fonction de la forme et de la surface des conducteurs, ainsi que de la capacité inductive spécifique de l'isolant.

Si l'on détermine la capacité d'un câble à un seul conducteur, en le plongeant dans une cuve d'eau, on obtient une valeur différente de celle qu'il présentera après avoir avoir été déroulé et placé sous terre.

Pour éviter les perturbations sur les réseaux téléphoniques, on utilise souvent, pour les distributions par courants alternatifs, des câbles concentriques : les conducteurs sont, dans ce cas, séparés par une épaisseur déterminée d'isolant et la capacité se trouve ainsi bien définie.

On sait que le courant de charge I d'un condensateur d'une capacité C microfarads, connecté à une source de force électromotrice alternative dont la valeur efficace est V, est donné, pour une fréquence $n$, par la formule

$$I = \frac{CVp}{10^6}$$

$(p = 2\pi n)$.

Cette équation peut servir à déterminer C.

On peut aussi déterminer C par comparaison, avec un condensateur étalon.

On disposera le montage comme l'indique le schéma (*fig.* 12) où $K_1$, $K_2$ représentent des clefs Sabine, G un galvanomètre

Fig. 12.

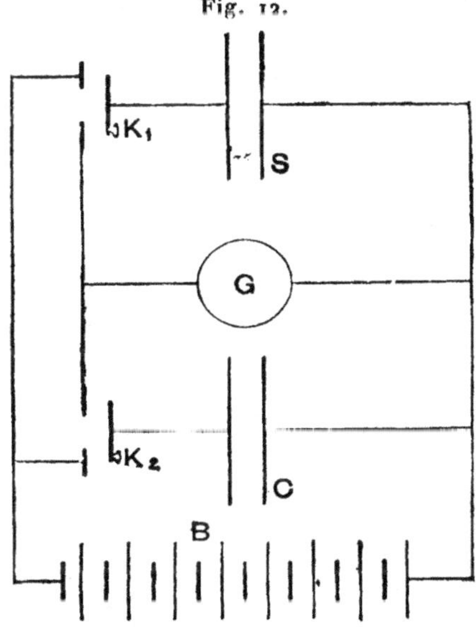

balistique, B une batterie d'accumulateurs, S le condensateur étalon et C le câble en expérience. En manœuvrant les clefs, on chargera S et C au même potentiel, puis on les déchargera successivement dans le galvanomètre.

Les capacités seront entre elles dans le rapport des sinus des demi-angles de déviation observés. Pour obtenir de bons résultats avec cette méthode, il conviendra toutefois d'employer un étalon ayant à peu près la même capacité que le câble : l'expérience devra être faite sans shunt; les lectures

F.

devront être évaluées à 1 pour 100 près et corrigées, comme il a été dit précédemment (p. 16), pour tenir compte de l'amortissement.

On constatera qu'avec la plupart des condensateurs, la déviation accusée par le galvanomètre varie avec le temps de charge et avec la durée de l'intervalle entre la charge et la décharge.

Aussi est-il préférable d'avoir recours à la méthode suivante :

On disposera une résistance $ab$, d'environ 100000 ohms, aux bornes d'une batterie soigneusement isolée, comportant une cinquantaine d'éléments. Le condensateur étalon S, le câble C, les clefs $K_1$, $K_2$, $K_3$, $K_4$ et le galvanomètre G seront disposés comme l'indique le schéma suivant (*fig.* 13).

Soient C la capacité de l'étalon, $C_1$ celle du câble, V et $V_1$

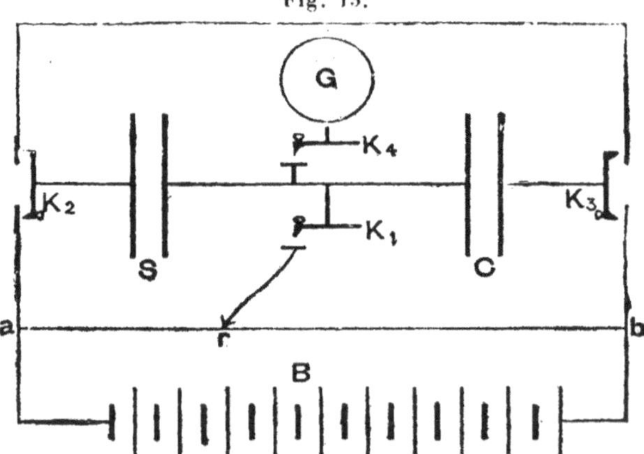

Fig. 13.



les différences de potentiel entre $ar$ et $rb$. En manœuvrant les clefs $K_1$, $K_2$, $K_3$, on chargera les condensateurs C et S aux potentiels V et $V_1$. Les quantités d'électricité accumulées dans chaque condensateur seront ainsi respectivement CV et $C_1 V_1$.

Si ces deux quantités sont égales, on ne constatera aucune déviation du galvanomètre lorsqu'on abaissera la clef $K_4$ après avoir déchargé l'un dans l'autre les deux condensateurs C et S. On déterminera, par tâtonnements, la position de $r$ correspondant à ce résultat. On aura alors, en désignant par R et $R_1$ les résistances des tronçons $ar$ et $rb$,

$$CV = C_1 V_1,$$

d'où

$$\frac{C}{C_1} = \frac{V_1}{V},$$

mais

$$\frac{V_1}{V} = \frac{R_1}{R},$$

d'où

$$C_1 = C\,\frac{R}{R_1}.$$

En faisant plusieurs expériences, on pourra tracer une courbe représentant la variation de la capacité en fonction de la durée de la charge; on remarquera en outre qu'après une première décharge le condensateur est susceptible de donner, au bout d'un certain temps, de nouvelles décharges résiduelles.

Lorsqu'il s'agit d'un câble concentrique, la capacité peut être calculée en fonction des dimensions par la formule

$$C\ (\text{microfarads}) = \frac{K\,l}{9 \times 10^5 \times 4605 \times \log\dfrac{D}{d}}.$$

où K représente la capacité inductive spécifique de l'isolant, $l$ la longueur en centimètres du câble, D le diamètre intérieur du câble extérieur et $d$ le diamètre du câble intérieur.

Pour les câbles isolés au papier, la valeur de K est d'environ 2,9.

DÉTERMINATION DE LA CAPACITÉ D'UN CABLE CONCENTRIQUE.

Type du câble essayé   .
Longueur.............................   —
Conducteur intérieur
Conducteur extérieur
Spécification de l'isolant

| OBSERVATION N° | TENSION de charge. | CAPACITÉ de l'étalon. | DÉVIATION fournie par le câble. | DÉVIATION fournie par l'étalon. | DURÉE de la charge. | CAPACITÉ du câble. |
|---|---|---|---|---|---|---|
|  |  |  |  |  |  |  |
|  |  |  |  |  |  |  |

# DÉTERMINATION DES RENDEMENTS PAR LA MÉTHODE D'HOPKINSON.

*Appareils nécessaires :*
*1° Une batterie d'accumulateurs ;*
*2° Trois voltmètres ;*
*3° Trois ampèremètres.*
*(La méthode n'est applicable qu'au cas où l'on dispose de deux machines identiques.)*

La méthode d'Hopkinson permet, lorsqu'on dispose de deux machines identiques, d'évaluer leur rendement avec une exactitude plus grande qu'en employant le procédé ordinaire.

Les machines doivent être montées sur la même plate-forme et les arbres directement accouplés à l'aide d'un manchon élastique. Nous désignerons l'une d'elles par la lettre D et l'autre par la lettre M.

On connectera les bornes de D à celles de M en intercalant dans le circuit un ampèremètre et une batterie d'accumulateurs B : on disposera les pôles de telle sorte que les forces électromotrices de B et D agissent dans le même sens et en opposition avec celle fournie par M fonctionnant comme moteur.

Les inducteurs de D et de M seront excités en dérivation, comme l'indique le schéma (*fig.* 14), et les circuits d'excitation seront pourvus d'ampèremètres et de rhéostats.

Soient $A_1$ le courant de D à M, $a_1$ et $a_2$ les courants d'excitation de D et de M, $V_1$ et $V_2$ les voltages aux bornes de D et de M, et $V_3$ le voltage aux bornes de B.

On fera varier le nombre d'éléments de B et les résistances des rhéostats jusqu'à ce que le courant $A_1$ et la vitesse des machines aient atteint leurs valeurs de régime.

La puissance fournie par la batterie est égale à la différence entre la puissance fournie à M et la puissance restituée par D.

On a donc

$$A_1 V_3 = A_1 V_2 - A_1 V_1$$

ou

$$V_3 = V_2 - V_1.$$

La quantité $A_1 V_3$ correspond à l'ensemble des pertes par seconde. Or, on peut admettre, sans grande erreur, que les

Fig. 14.

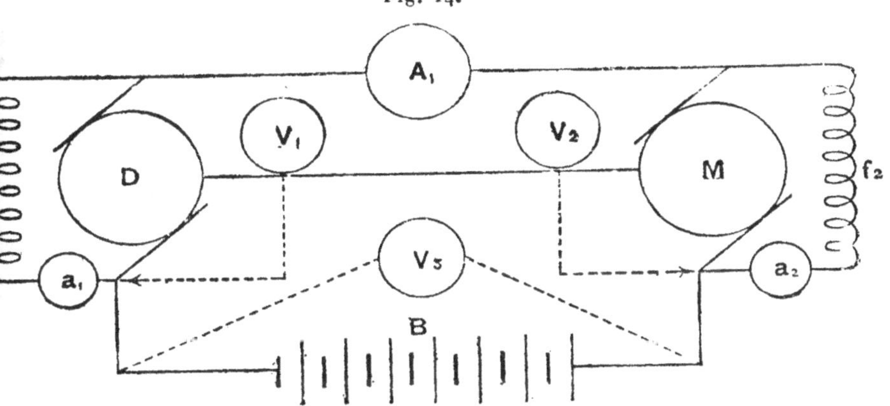



pertes de D et de M sont égales entre elles : on a alors, en dé-signant par $e$ le rendement de D,

$$(1) \qquad e_1 = \frac{A_1 V_1}{\dfrac{A_1 V_2}{2} + \dfrac{A_1 V_1}{2} + a_1 V_1}.$$

$A_1 V_1$ représente, en effet, la puissance fournie par D et $\dfrac{A_1 V_2}{2} + \dfrac{A_1 V_1}{2} + a_1 V_1 = \dfrac{A_1 V_3}{2} + A_1 V_1 + a_1 V_1$ la puissance absorbée.

De même, la puissance fournie par le moteur étant égale

à $A_1 V_2 + a_2 V_2 - \dfrac{1}{2} A_1 V_3$, soit $\dfrac{A_1 V_2 + A_1 V_1}{2} + a_2 V_2$, et la puissance qu'il absorbe $A_1 V_2 + a_2 V_2$, son rendement $e_2$ est donné par la formule

$$(2) \qquad e_2 = \frac{\dfrac{1}{2} A_1 V_2 + \dfrac{1}{2} A_1 V_1 + a_2 V_2}{A_1 V_2 + a_2 V_2}.$$

Si l'on néglige $a_1$ et $a_2$ devant $A_1$, on obtient

$$(3) \qquad \begin{cases} e_1 = \dfrac{2 V_1}{V_2 + V_1}, \\[2mm] e_2 = \dfrac{V_1 + V_2}{2 V_2}, \end{cases}$$

d'où

$$(4) \qquad e_1 e_2 = \frac{V_1}{V_2}.$$

Si, au lieu de supposer que la puissance fournie par la batterie se répartit par parts égales entre D et M, nous supposons que $e_1 = e_2 = e$, il vient, en désignant par P la puissance transmise par l'arbre commun,

$$e = \frac{A V_1}{P} \qquad \text{et} \qquad e = \frac{P}{A V_2}$$

(en négligeant la puissance absorbée par l'excitation), d'où

$$(5) \qquad e = \sqrt{\frac{V_1}{V_2}}.$$

En comparant les équations (4) et (5), on voit que

$$\sqrt{e_1 e_2} = e.$$

Il conviendra, selon les cas, de choisir entre les deux hypothèses précédentes.

Cette méthode présente l'avantage de n'exiger que des mesures électriques.

Pour plus de précision, on pourra employer un potentiomètre pour mesurer, comme il a été dit précédemment, les quantités $A_1$, $a_1$, $a_2$, $V_1$, $V_2$, $V_3$.

On répétera l'expérience pour diverses valeurs de $A_1$ et l'on tracera une courbe en prenant pour abscisses les valeurs de $A_1$ et pour ordonnées les valeurs correspondantes du rendement.

ESSAIS DES RENDEMENTS PAR LA MÉTHODE D'HOPKINSON.

N° 1.

| OBSERVA-TION N° | NOMBRE de tours à la minute. | COURANT. Nombre d'ampères $A_1$. | VOLTAGE aux bornes de la dynamo $V_1$. | VOLTAGE aux bornes du moteur $V_2$. | COURANT d'excitation (dynamo) $a_1$. | COURANT d'excitation (moteur) $a_3$. | VOLTAGE aux bornes de la batterie $V^0$. |
|---|---|---|---|---|---|---|---|
|  |  |  |  |  |  |  |  |

N° 2.

| OBSERVA-TION N° | WATTS fournis à la dynamo | WATTS restitués par la dynamo. | RENDEMENT de la dynamo $e_1$. | WATTS fournis au moteur. | WATTS restitués par le moteur. | RENDEMENT du moteur $e_2$. | NOMBRE d'ampères $A_1$. |
|---|---|---|---|---|---|---|---|
|  |  |  |  |  |  |  |  |

# APPENDICE

PAR J.-L. ROUTIN,
Ancien Élève de l'École Polytechnique.

## MÉTHODE BEHN-ESCHENBURG POUR L'ESSAI DES ALTERNATEURS.

*Appareils nécessaires :*
1° *Un voltmètre;*
2° *Un ampèremètre;*
3° *Un tachymètre.*

La méthode du D$^r$ Behn-Eschenburg permet de déterminer, par une construction graphique simple, le voltage aux bornes d'un alternateur en charge sur un circuit inductif, en fonction du courant d'excitation.

La détermination directe exigerait une longue série d'expériences pour chaque valeur du facteur de puissance : elle nécessiterait de plus l'emploi d'un moteur de puissance égale à celle de l'alternateur en essai.

Avec la méthode du D$^r$ Behn-Eschenburg, il suffit de relever deux caractéristiques : la première, donnant la force électromotrice à vide, et la deuxième l'intensité en court circuit en fonction du courant d'excitation. Il suffira, en général, de disposer d'un moteur de puissance égale à 10 ou 20 pour 100 de la puissance normale de l'alternateur.

La méthode admet, comme point de départ, que les diverses forces électromotrices en jeu suivent la loi sinusoïdale simple :

c'est la seule critique qu'on puisse lui faire; néanmoins, les résultats qu'elle fournit sont généralement très satisfaisants au point de vue de la pratique industrielle.

La chute de potentiel entre la marche à vide et la marche en charge, à vitesse et excitation constantes, dépend :

1° De la self de l'induit;
2° De la résistance de l'induit;
3° De la réaction des courants parasites;
4° De la self du circuit d'utilisation;
5° De l'intensité du courant.

On peut représenter par un diagramme polaire les relations des différentes forces électromotrices qui entrent en jeu.

Dans la *fig.* 15 ci-contre, I représente l'intensité, E la force électromotrice à vide, $e_1$ (perpendiculaire à I) la force élec-

Fig. 15.

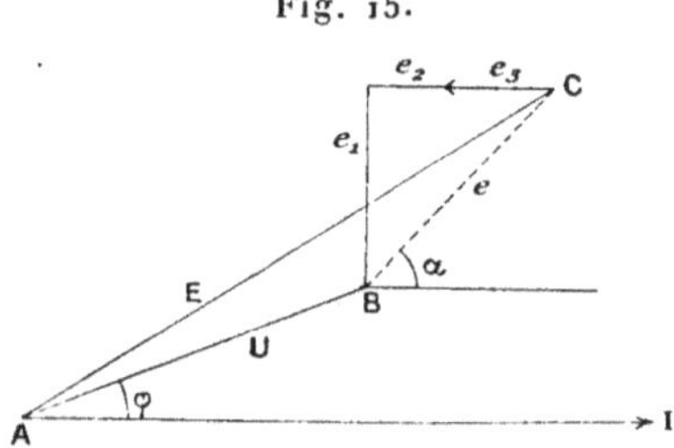


tromotrice de self de l'induit, $e_2$ et $e_3$ (parallèles à I) les forces électromotrices correspondant à la perte par résistance ohmique et à la réaction des courants de Foucault, U la force électromotrice aux bornes, en charge, et φ l'angle de décalage du circuit d'utilisation.

Les quantités $e_1$, $e_2$, $e_3$ sont toutes trois proportionnelles à I. Il en est donc de même de leur résultante $e$, et en posant

$$\mathrm{R. app.} = \frac{e}{I}$$

on définira la résistance intérieure apparente de l'induit.

Cette quantité est variable avec l'excitation.

Pour en déterminer les différentes valeurs, on relèvera tout d'abord la caractéristique donnant le voltage à vide, en fonction de l'excitation, puis la caractéristique donnant, également en fonction des ampères d'excitation, l'intensité du courant

Fig. 16.

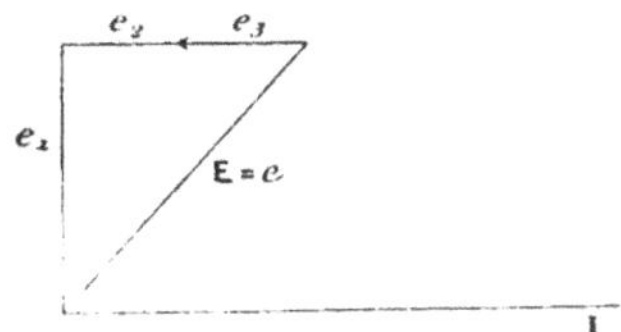


qui circule dans l'induit mis en court circuit aux bornes d'un ampèremètre.

Le diagramme précédent se simplifie, dans ce cas, comme l'indique la *fig.* 16, et l'on a

$$\text{R. app.} = \frac{e}{I} = \frac{E}{J},$$

en désignant par E le voltage à vide, et par J le courant en court circuit correspondant.

On en déduira une troisième courbe (*fig.* 17) donnant, en

Fig. 17.

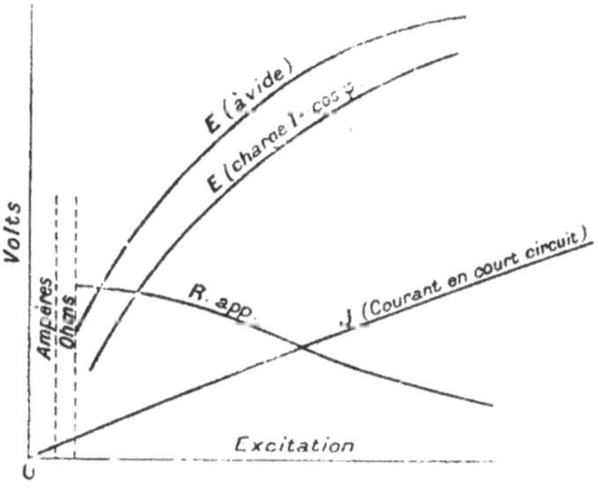

fonction de l'excitation, les différentes valeurs de la résistance apparente.

Ceci étant, il nous reste à déterminer, pour pouvoir construire le triangle ABC, la valeur de l'angle $\alpha$ : pour cette détermination, on pourra soit mesurer au wattmètre l'énergie dépensée dans l'induit en court circuit (égale à EJ cos$\alpha$), soit encore évaluer cette quantité par la puissance dépensée pour entraîner l'alternateur.

On trouvera, en général, dans les machines bien construites que $\alpha$ a une valeur supérieure à 80°.

Connaissant ainsi $\alpha$ et, pour chaque valeur de l'excitation, E et R. app. on pourra en déduire graphiquement la caractéristique du voltage aux bornes pour un courant I et un décalage $\varphi$ déterminé.

On remarquera que la caractéristique qui donne J se réduit très sensiblement à une droite passant par l'origine; on remarquera de plus qu'il est inutile, dans la détermination de cette caractéristique, de relever la vitesse de l'alternateur, car elle est sans influence sur la valeur de J qui ne dépend que de l'excitation.

Par contre, dans la détermination du voltage à vide, on devra relever soigneusement la vitesse et effectuer, au besoin, les corrections nécessaires pour ramener la valeur de E observée à ce qu'elle serait à vitesse normale.

### MÉTHODE BEHN-ESCHENBURG POUR L'ESSAI DES ALTERNATEURS.

#### Détermination de la caractéristique F.

| TOURS par minute. | EXCITATION en ampères. | VOLTS aux bornes. | VOLTS aux bornes à la vitesse normale. |
|---|---|---|---|
|  |  |  |  |

#### Détermination des caractéristiques J et R et de $\alpha$.

| EXCITATION en ampères. | COURANT en court circuit | E (à vide) déduit de la première caractéristique. | $R = \dfrac{E}{J}$. | WATTS apparents. | WATTS vrais. | $\cos \alpha$. | $\alpha$. |
|---|---|---|---|---|---|---|---|
|  |  |  |  |  |  |  |  |

# MÉTHODE ROUTIN POUR LA DÉTERMINATION DES RENDEMENTS.

*Appareils nécessaires :*
*1° Un tachymètre à pointage ;*
*2° Un petit frein à corde capable d'absorber environ 5 pour 100 de la puissance totale de la machine en essai.*

Lorsqu'on a à essayer des machines de grande puissance, la méthode du frein d'absorption devient généralement inapplicable : le frein est alors très encombrant, très coûteux à établir, difficile et dangereux à manœuvrer. D'autre part, il arrive souvent que les générateurs à essayer sont d'une puissance supérieure à celle des moteurs dont on dispose : on est alors forcé de recourir à une méthode indirecte. On a imaginé dans ce but de nombreux procédés : Hopkinson, Fontaine et Cardew, Rayleigh et Kapp ont décrit des méthodes assurément très intéressantes, mais qui présentent toutes le grave inconvénient d'exiger l'emploi d'une machine auxiliaire de même puissance et de même construction que la machine soumise aux essais.

La méthode de Swinburne s'affranchit de cette sujétion, mais elle admet, par contre, que la perte due à l'hystérésis et aux courants de Foucault est indépendante de la charge : cette hypothèse n'est malheureusement pas justifiée par la pratique et l'on trouve qu'elle introduit des erreurs sensibles, surtout lorsqu'il s'agit d'alternateurs à pôles inducteurs massifs.

D'autres auteurs (Mordey, Housmann) ont indiqué des procédés pour évaluer séparément la perte par hystérésis et la perte par courants de Foucault ; toutefois, les hypothèses admises négligeant une partie des phénomènes, on ne doit considérer ces études qu'au point de vue de leur valeur théorique. En pratique, on est conduit à reconnaître qu'en l'état actuel il est impossible de séparer, d'une façon sûre, les pertes par hystérésis des pertes par courants de Foucault.

La méthode que nous allons décrire permet de déterminer directement et séparément les pertes par frottements et l'ensemble des pertes par hystérésis et courants de Foucault.

On sait que le rendement d'un générateur électrique peut se mettre sous la forme

$$X = \frac{W}{W + P_1 + P_2 + P_3},$$

W représentant les watts fournis;

$P_1$, les watts absorbés par l'excitation;

$P_2$, les watts perdus dans l'induit;

$P_3$, les watts correspondant aux pertes par hystérésis, courants de Foucault, frottements des coussinets et ventilation.

Les termes $P_1$ et $P_2$ s'obtiennent très facilement.

Le problème revient donc à déterminer le terme $P_3$. Ce terme comprend la somme des pertes par frottements, que nous désignerons par $p$, et des pertes par hystérésis et courants de Foucault que nous appellerons $q$.

Supposons, par exemple, qu'on veuille déterminer $p$, c'est-à-dire les pertes par frottements et ventilation. Lançons la machine à une vitesse quelque peu supérieure à sa vitesse normale, en la faisant fonctionner comme moteur, puis supprimons brusquement tout courant dans l'inducteur et dans l'induit, et laissons-la s'arrêter sous l'influence des causes retardatrices dont la valeur est précisément l'inconnue du problème.

A chaque instant le travail absorbé par les frottements et la ventilation est égal à la diminution de l'énergie cinétique du système; on a donc, en désignant par P ce travail, par M et R la masse et le rayon de giration du système mobile, et par $\Omega$ la vitesse au temps considéré,

$$P = \frac{d}{dt}\left(\frac{MR^2\Omega^2}{2}\right) = MR^2\Omega\,\frac{d\Omega}{dt}.$$

Observons, à l'aide d'un tachymètre, comment varie la vitesse en fonction du temps, et soit $C_1$ la courbe qui représente le résultat de ces observations : soient $\omega$ la vitesse de régime, $p$ la valeur correspondante de P, et $\alpha$ l'angle de la tangente à la courbe $C_1$ au point considéré, avec l'axe des temps.

On a

$$p = MR^2 \omega \tang\alpha.$$

Pour éliminer M et R qu'il serait assez long et assez difficile d'évaluer, faisons une deuxième série d'observations, après

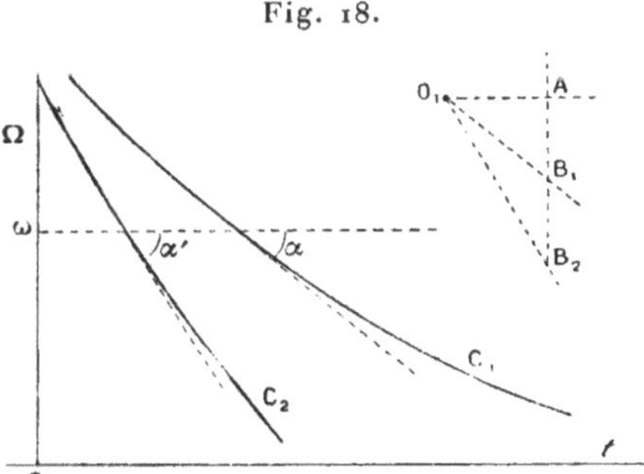

Fig. 18.

avoir placé sur la poulie un petit frein à corde absorbant un travail du même ordre de grandeur que $p$. Nous obtiendrons ainsi la courbe $C_2$ (*fig.* 18). Si $f$ désigne le travail du petit frein pour la vitesse $\Omega = \omega$ et $\alpha'$ l'analogue de l'angle $\alpha$, défini précédemment, on aura

$$p + f = MR^2 \omega \tang\alpha',$$

d'où

$$\frac{p}{p+f} = \frac{\tang\alpha}{\tang\alpha'}$$

et

$$p = f \frac{\tang\alpha}{\tang\alpha' - \tang\alpha}.$$

Si $k$ est la traction en kilogrammes sur la corde du frein, et $d$ le diamètre de la poulie en mètres, on a

$$f = \pi\, dk\omega \ \text{kilogrammètres.}$$

Menons par un point $O_1$ deux droites faisant avec l'axe des $t$ des angles $\alpha$ et $\alpha'$ (*fig.* 19), on aura

$$p = \pi dk\omega \, \frac{AB_1}{B_1 B_2} \text{ kilogrammètres.}$$

Pour déterminer le travail $q$ correspondant à l'hystérésis et aux courants parasites, on pourrait, en admettant l'hypothèse

Fig. 19.

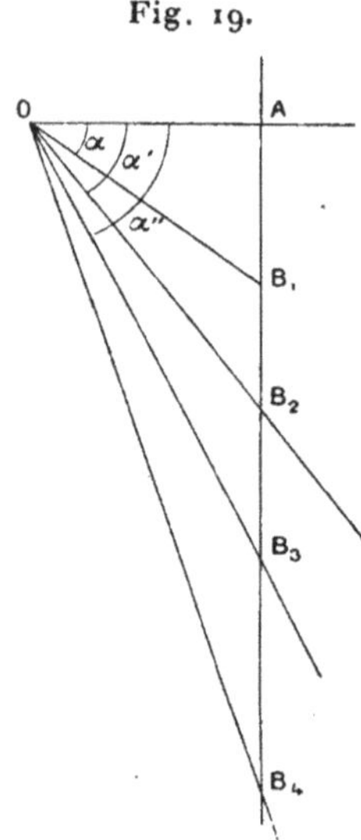


de Swinburne, se contenter de relever une troisième courbe $C_3$ correspondant à l'ensemble des pertes $p$ et $q$. On aurait ainsi

$$\frac{q + p}{p} = \frac{AB_3}{AB_1},$$

d'où

$$q = p \, \frac{B_1 B_3}{AB_1} = \pi dk\omega \, \frac{B_1 B_3}{B_1 B_2}.$$

Pour connaître directement $p + q$, il suffit, dans ce cas, de deux expériences donnant l'une la courbe correspondant à la perte $q + p$ et l'autre celle qui correspond à $q + p + f$.

Mais il est également possible de tenir compte de l'effet du courant d'induit sur la valeur de $q$. Il suffit pour cela de fermer le circuit de l'induit sur une résistance appropriée et de relever la puissance W consommée dans ce circuit au moment où le système mobile passe par la vitesse de régime : On a alors, en désignant par $OB_4$ la tangente correspondant à la courbe relevée dans ces conditions,

$$\frac{q_1 + p + W}{p} = \frac{AB_4}{AB_1},$$

d'où

$$q_1 = p\,\frac{B_1 B_4}{AB_1} - W = \pi dk\omega\,\frac{B_1 B_4}{B_1 B_2} - W.$$

Cette façon de procéder exige trois expériences, mais elle donne séparément $p$ et la valeur exacte $q_1$ de $q$, en charge.

Pour les machines auxquelles est applicable l'hypothèse de Swinburne, elle peut permettre d'obtenir $p$ et $q$ sans recourir à l'emploi du frein mécanique.

En pratique, la variation de la vitesse en fonction du temps est très sensiblement représentée par une fonction linéaire, tout au moins dans la région utile des courbes; il suffit donc de relever quelques points dans le voisinage de la vitesse normale; la détermination de la tangente se fait très facilement avec une grande exactitude.

Le freinage doit absorber environ 5 pour 100 de la puissance de la machine; il y a cependant lieu d'observer que la puissance du moteur n'est déterminée que par la condition de pouvoir démarrer à vide : dès que la machine a atteint sa vitesse, le moteur n'a plus à fournir que le travail correspondant aux frottements, soit de 1 à 2 pour 100.

On peut donc, avec une dépense minime d'énergie, essayer par ce procédé des machines de très grande puissance : il s'applique d'ailleurs également bien aux machines de puissances moyennes.

D'autre part, comme la méthode n'exige pas d'autres instruments qu'un tachymètre et que cet appareil peut être exactement étalonné sans aucune difficulté, elle permet d'atteindre une grande précision. Elle peut servir à étudier directement la variation des pertes par hystérésis et courants parasites en fonction de l'induction. Enfin elle est susceptible d'être généralisée à l'étude de diverses autres questions telles que : recherche de la loi de variation de résistance de l'air ou essais sur les propriétés lubrifiantes de diverses qualités d'huile.

MÉTHODE ROUTIN POUR LA MESURE DES RENDEMENTS.

| TEMPS. | A vide. | VITESSES | | W. | $p = \pi\, dk\omega\, \dfrac{AB_1}{B_1 B_2}.$ | $q = \pi\, dk\omega\, \dfrac{B_4 B_2}{B_1 B_2} - w,$ ou, plus simplement, en négligeant l'influence du courant d'induit $q = \pi\, dk\omega\, \dfrac{B_1 B_3}{B_1 B_2}.$ |
|---|---|---|---|---|---|---|
| | | Avec frein de …$^{kg}$ sur poulie de …$^{cm}$. | Avec excitation de … ampères. | | | |
| | | | | | | |

# CORRECTIONS
## A FAIRE SUBIR AUX LECTURES GALVANOMÉTRIQUES.

Les observations galvanométriques donnent directement,
pour une déviation $\theta$ (*fig.* 20), la valeur de la quantité $\delta$ liée
à $\theta$ par l'équation

$$\tan 2\theta = \frac{\delta}{D}$$

($D =$ distance du miroir à l'échelle).

Lorsqu'il s'agit de mesures au galvanomètre des tangentes,

Fig. 20.

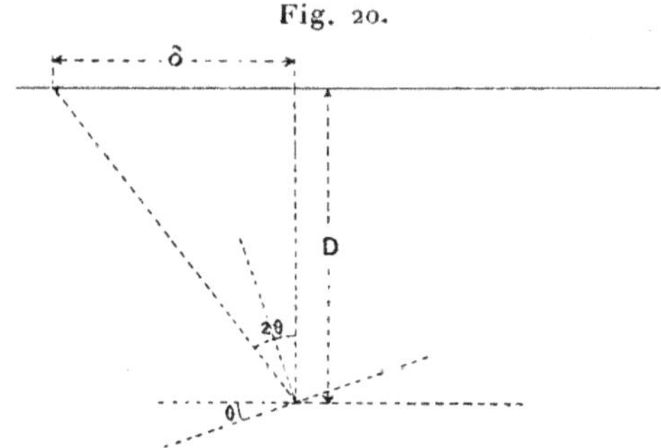


on doit déduire de la connaissance de $\delta$ et D la valeur de $\tan\theta$.

Dans le cas des mesures balistiques, d'autre part, on a à
calculer $\sin\dfrac{\theta}{2}$.

Examinons d'abord le premier cas.

On a l'équation

$$\tan 2\theta = \frac{2\tan\theta}{1 - \tan^2\theta}.$$

On en tire

$$\tan g\,\theta = \frac{1}{\tan g\,2\theta}\left(\sqrt{1 + \tan g^2\theta} - 1\right).$$

c'est-à-dire

$$\tan g\,\theta = \frac{1}{\tan g\,2\theta}\left(\frac{1}{2}\tan g^2\,2\theta - \frac{1}{8}\tan g^4\,2\theta + \frac{1}{16}\tan g^6\,2\theta - \ldots\right).$$

Comme la valeur de $\tan g\,2\theta = \dfrac{\delta}{D}$ est toujours, en pratique, assez petite, on peut négliger les puissances supérieures et se contenter des trois premiers termes de l'expression comprise entre parenthèses.

On obtient ainsi, en remplaçant $\tan g\,2\theta$ par sa valeur,

$$\tan g\,\theta = \frac{1}{2D}\left(\delta - \frac{1}{4}\frac{\delta^3}{D^2} + \frac{1}{8}\frac{\delta^5}{D^4}\right).$$

Pour faciliter l'emploi de cette formule, j'ai tracé (*Pl. I*) les courbes qui donnent l'ensemble des termes $\left(\dfrac{1}{4}\dfrac{\delta^3}{D^2} - \dfrac{1}{8}\dfrac{\delta^5}{D^4}\right)$ à retrancher de $\delta$ pour $D = 1^m$, $D = 1^m,5o$, $D = 2^m$, $D = 2^m,5o$ et pour une valeur maxima de $\delta$ atteignant $5oo^{mm}$. — Pour pouvoir se servir de ces graphiques, il faudra donc avoir soin, ce qui est toujours facile, de prendre pour $D$ l'une des valeurs indiquées.

Les lectures $\delta$ ainsi que les corrections à effectuer ont été portées en millimètres.

Dans le cas des mesures balistiques, on a, pour déterminer $\sin\dfrac{\theta}{2}$, l'équation

$$\sin\frac{\theta}{2} = \frac{\theta}{2} - \left(\frac{\theta}{2}\right)^3\frac{1}{3!} + \left(\frac{\theta}{2}\right)^5\frac{1}{5!} - \ldots$$

Or, de

$$\tan g\,2\theta = \frac{\delta}{D},$$

on tire

$$2\theta = \text{arc}\,\tan g\frac{\delta}{D} = \frac{\delta}{D} - \frac{1}{3}\frac{\delta^3}{D^3} + \frac{1}{5}\frac{\delta^5}{D^5} - \ldots$$

d'où

$$\frac{\theta}{2} = \frac{1}{4}\left( \frac{\delta}{D} - \frac{1}{3}\frac{\delta^3}{D^3} + \frac{1}{5}\frac{\delta^5}{D^5} - \ldots \right).$$

Remplaçant dans la première équation $\frac{\theta}{2}$ par cette valeur, développant et limitant à la cinquième puissance de $\frac{\delta}{D}$, on trouve

$$\sin\frac{\theta}{2} = \frac{1}{4D}\left( \delta - \frac{11}{8}\frac{\delta^3}{D^2} + \frac{421}{2048}\frac{\delta^5}{D^4} \right).$$

Ce résultat a été traduit par un graphique (*Pl. II*) établi dans les mêmes conditions et à la même échelle que le précédent.

FIN.

# TABLE DES MATIÈRES.


|  | Pages. |
|---|---|
| Préface du Traducteur | v |
| Exploration d'un champ magnétique | 1 |
| Champ magnétique d'un courant circulaire | 6 |
| Étalonnage d'un galvanomètre des tangentes par le voltmètre à eau. | 9 |
| Mesure d'une résistance électrique par le pont à curseur | 13 |
| Étalonnage d'un galvanomètre balistique | 16 |
| Détermination de l'intensité d'un champ magnétique | 20 |
| Expériences sur les champs magnétiques | 23 |
| Détermination du champ magnétique dans l'entrefer d'un électro-aimant | 27 |
| Détermination d'une résistance par le pont de Wheatstone | 31 |
| Détermination d'une différence de potentiel par le potentiomètre | 34 |
| Mesure d'un courant par le potentiomètre | 37 |
| Étude complète d'une batterie primaire | 40 |
| Étalonnage d'un voltmètre par le potentiomètre | 43 |
| Essai photométrique d'une lampe à incandescence | 46 |
| Détermination du pouvoir absorbant d'un écran dépoli | 50 |
| Détermination du pouvoir réfléchissant d'une surface | 52 |
| Détermination du rendement d'un électromoteur par la méthode du berceau équilibré | 54 |
| Détermination du rendement d'un moteur. Méthode du frein | 57 |
| Essai du rendement global d'un transformateur tournant | 59 |
| Essai d'une installation comprenant une dynamo actionnée par un moteur à gaz | 62 |
| Détermination de la résistance spécifique d'un échantillon de fil métallique | 65 |
| Mesure des faibles résistances à l'aide du potentiomètre | 69 |
| Mesure de la résistance d'un induit | 75 |

Pages.

Étalonnage d'un ampèremètre par le voltamètre à cuivre... ......... 78
Étalonnage d'un voltmètre par le potentiomètre Crompton... ...... 82
Étalonnage d'un ampèremètre par la méthode du potentiomètre.... . 85
Détermination de la perméabilité magnétique d'un échantillon de fer. 87
Étalonnage d'un voltmètre à haute tension....................... 91
Étalonnage d'un ampèremètre pour courants alternatifs........... 93
Détermination de la courbe représentative d'un courant alternatif... 96
Détermination du rendement d'un transformateur................. 100
Détermination du rendement d'un alternateur................. . .. 104
Détermination de l'intensité lumineuse sphérique moyenne d'une lampe
   à arc................................................... .... 107
Mesure des grandes résistances et des résistances d'isolement........ 111
Détermination du rendement d'une batterie d'accumulateurs........ 115
Étalonnage d'un compteur.................................... .. 118
Détermination de la courbe d'hystérésis d'un échantillon de fer..... 120
Détermination de la perte due à l'hystérésis............... ... .... 124
Détermination de la capacité d'un câble concentrique.............. 128
Détermination des rendements par la méthode d'Hopkinson....... . 132


## APPENDICE.


Méthode Behn-Eschenburg pour l'essai des alternateurs.... ...... 137
Méthode Routin pour la détermination des rendements.......... .. 141
Corrections à faire subir aux lectures galvanométriques... ...... .... 147


## PLANCHES.

*Pl. A.* — Potentiomètre Crompton ( p. 84 ).

*Pl. I.* — Graphique donnant la correction $\varepsilon$ à faire subir à la lecture galvanométrique $\delta$ pour en tirer : $\tang\theta = \dfrac{1}{2\,\mathrm{D}}(\delta - \varepsilon)$.

*Pl. II.* — Graphique donnant la correction $\varepsilon$ à faire subir à la lecture galvanométrique $\delta$ pour en tirer : $\sin\dfrac{\theta}{2} = \dfrac{1}{4\,\mathrm{D}}(\delta - \varepsilon)$.

FIN DE LA TABLE DES MATIÈRES.

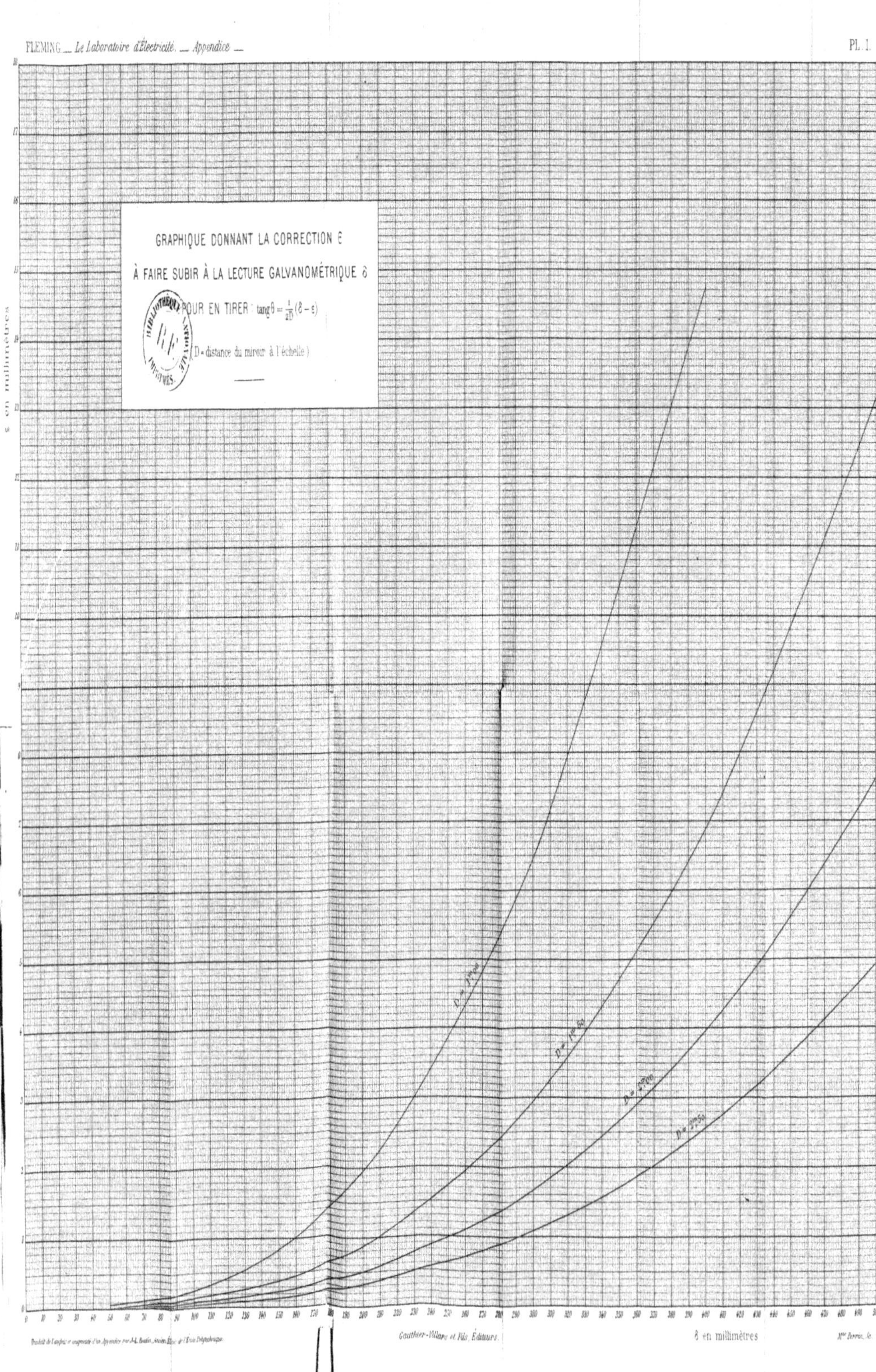
GRAPHIQUE DONNANT LA CORRECTION ε
À FAIRE SUBIR À LA LECTURE GALVANOMÉTRIQUE δ
POUR EN TIRER : tang θ = 1/2D (δ − ε)
(D = distance du miroir à l'échelle)
ε en millimètres
δ en millimètres
D = 1m00
D = 1m 50
D = 2m00
D = 2m50

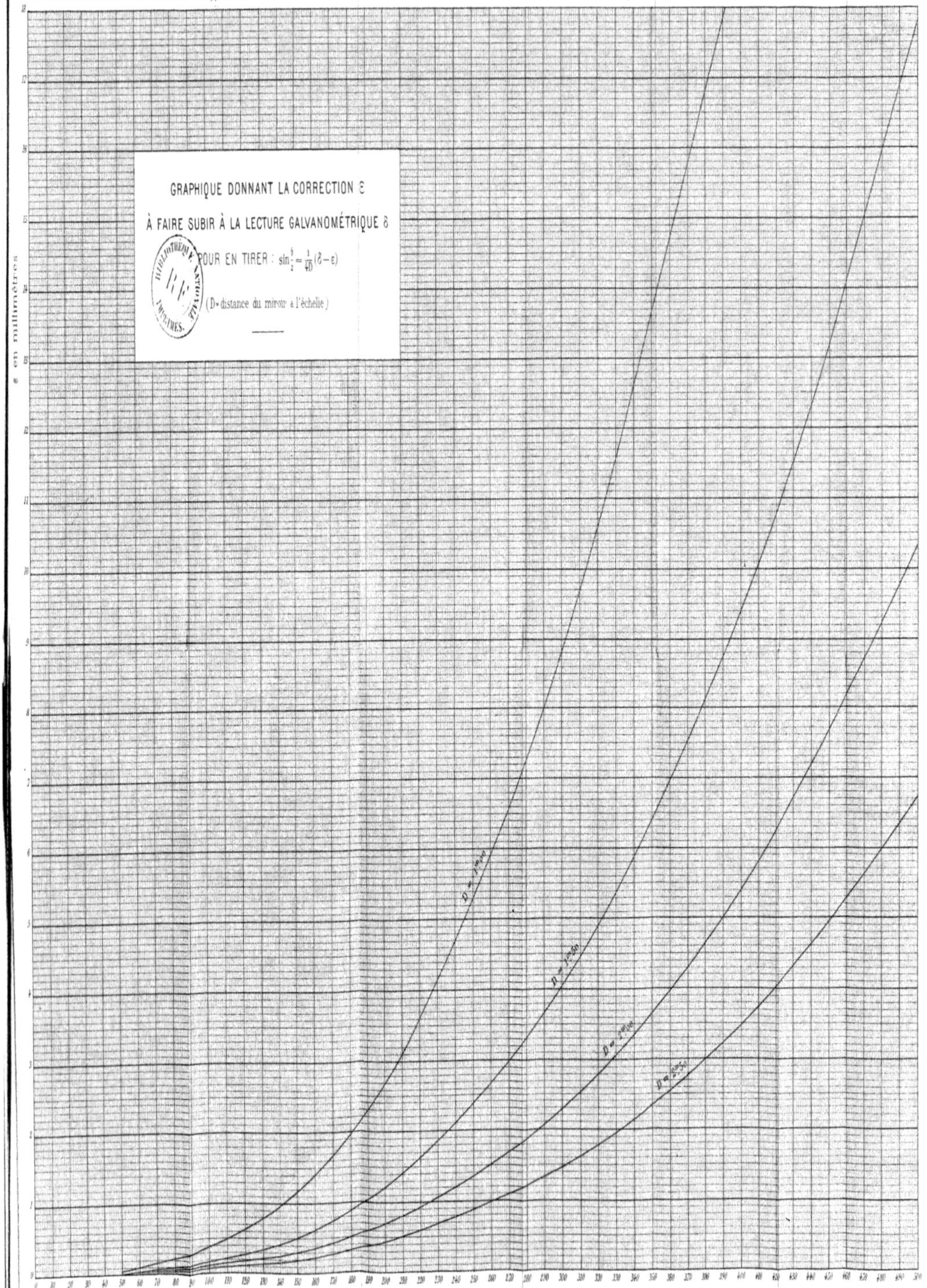
GRAPHIQUE DONNANT LA CORRECTION ε
À FAIRE SUBIR À LA LECTURE GALVANOMÉTRIQUE δ
POUR EN TIRER : $\sin\frac{\theta}{2} = \frac{1}{4D}(\delta - \varepsilon)$
(D = distance du miroir à l'échelle)
ε en millimètres
δ en millimètres
D = 1m00
D = 1m50
D = 2m00
D = 2m50
0
1
2
3
4
5
6
7
8
9
10
11
12
13
14
15
16
17
18
0 10 20 30 40 50 60 70 80 90 100 110 120 130 140 150 160 170 180 190 200 210 220 230 240 250 260 270 280 290 300 310 320 330 340 350 360 370 380 390 400 410 420 430 440 450 460 470 480 490 500



Traduit de l'anglais et augmenté d'un Appendice par J.-L. Routin, Ancien Élève de l'École Polytechnique.
Gauthier-Villars et Fils, Éditeurs
Mme Perron Sc.